Nora Haydee Quispe Bellido
Yesica Magnolia Mamani Arpasi
Juan de Dios H. Ticona Quispe

Sistema de gestão de segurança e saúde

Nora Haydee Quispe Bellido
Yesica Magnolia Mamani Arpasi
Juan de Dios H. Ticona Quispe

Sistema de gestão de segurança e saúde

Proposta de planeamento para gerir o controlo dos riscos profissionais numa empresa peruana

ScienciaScripts

Imprint
Any brand names and product names mentioned in this book are subject to trademark, brand or patent protection and are trademarks or registered trademarks of their respective holders. The use of brand names, product names, common names, trade names, product descriptions etc. even without a particular marking in this work is in no way to be construed to mean that such names may be regarded as unrestricted in respect of trademark and brand protection legislation and could thus be used by anyone.

Cover image: www.ingimage.com

This book is a translation from the original published under ISBN 978-613-9-02464-3.

Publisher:
Sciencia Scripts
is a trademark of
Dodo Books Indian Ocean Ltd. and OmniScriptum S.R.L publishing group

120 High Road, East Finchley, London, N2 9ED, United Kingdom
Str. Armeneasca 28/1, office 1, Chisinau MD-2012, Republic of Moldova, Europe
Printed at: see last page
ISBN: 978-620-7-62040-1

SISTEMA DE GESTÃO DA SEGURANÇA E SAÚDE NO TRABALHO

Proposta de planeamento para gerir o controlo dos riscos profissionais numa empresa peruana.

Nora Haydeé Quispe Bellido

Yesica Magnolia Mamani Arpasi

Juan de Dios Hermogenes Ticona Quispe

Índice

Introdução

[1]Nos últimos anos, o Sistema de Gestão da Segurança e Saúde no Trabalho (SGSST) tornou-se um dos sistemas mais utilizados pelas organizações de produção e de serviços para melhorar os ambientes de trabalho saudáveis, proporcionando um ambiente capaz de identificar e controlar eficazmente os riscos para a saúde, reduzir os acidentes, apoiar a aplicação dos requisitos legais em matéria de saúde e melhorar o desempenho .

[2]É importante notar que a norma OHSAS 18001 foi desenvolvida com o objetivo de prevenir os riscos profissionais. [3]A especificação das normas SGSST permite às empresas controlar os riscos para a saúde e segurança no trabalho com vista a uma melhoria contínua.

Neste sentido, é apresentada uma proposta para a conceção de um sistema de gestão nas empresas peruanas, de modo a que diferentes organizações o possam utilizar e contribuir para a melhoria contínua do seu desempenho.

Por conseguinte, este livro está estruturado em cinco capítulos. O primeiro capítulo contém informações sobre saúde e segurança no trabalho, bem como medidas e condições de trabalho para prevenir riscos. O segundo capítulo apresenta uma análise do quadro jurídico relativo à gestão dos riscos, nomeadamente no que se refere à norma

---

[1] Ministério do Trabalho, Emprego e Segurança Social. Segurança e Saúde no Trabalho (SST). *Aportes para una cultura de la prevención*. Argentina, OIT, 2014, disponível em [https://www.ilo.org/wcmsp5/groups/public/@americas/@ro-lima/@ilo-buenos_aires/documents/publication/wcms_248685.pdf].

[2] Organização Internacional do Trabalho. *Segurança e saúde no trabalho no Peru. Una mirada desde los convenios internacionales del trabajo no ratificado*. Peru, OIT, 2022, disponível em [https://www.ilo.org/wcmsp5/groups/public/---americas/---ro-lima/documents/publication/wcms_884854.pdf].

[3] Associação Espanhola de Normalização e Certificação (Ed.). *OHSAS 18001:2007. Sistemas de gestão da segurança e saúde no trabalho - Requisitos*. Madrid, AENOR, 2007, disponible en [https://infomadera.net/uploads/descargas/archivo_49_Sistemas%20de%20gesti%C3%B3n%20de%20seguridad%20y%20salud%20OHSAS%2018001-2007.pdf].

OHSAS 18001. O terceiro capítulo descreve estudos centrados na gestão de riscos e situações que surgiram no país.

Segue-se um capítulo sobre a conceção de um sistema de segurança e saúde no trabalho para uma empresa de saneamento, com base num diagnóstico que revela a sua situação e o que deve ser melhorado para o bem-estar do pessoal. Por fim, o quinto capítulo aborda a importância da elaboração e implementação de um plano de emergência nas empresas de todo o mundo para prevenir riscos causados pela natureza ou pelo homem, de forma a reduzir os acidentes de trabalho e aumentar a produtividade do país.

CAPÍTULO I :

SEGURANÇA E SAÚDE NO TRABALHO: MEDIDAS DE CONTROLO DOS RISCOS

I. Evolução histórica da saúde e segurança no trabalho

Com as mudanças sociais, tecnológicas, legais e éticas ocorridas no ambiente atual, a segurança também evoluiu.

A saúde no trabalho é composta por três áreas principais: medicina do trabalho, saúde ocupacional e segurança industrial. [4]"O objetivo da saúde no trabalho é melhorar e manter a qualidade de vida e a saúde dos trabalhadores e servir de instrumento para melhorar a qualidade, a produtividade e a eficiência das empresas" .

[5]A partir de 1997, iniciou-se um período de inovação e de mudança de paradigma no sector mineiro, tendo sido possível uma redução controlada do número de mortes por acidentes. Neste sentido, foram geradas várias teorias, entre as quais se destacam as seguintes:

— A gestão da segurança e da saúde no trabalho passou a ser da responsabilidade das empresas e, posteriormente, passou a estar sob o controlo do governo, regulamentada por disposições legais.

— A segurança consiste em controlar os riscos e não em cometê-los (acidentes).

---

[4] Fernando Henao Robledo. *Salud Ocupacional: conceptos básicos*, 2.ª ed., Bogotá, Colômbia, Ecoe Ediciones, 2010, p. 33.

[5]Arturo Miguel Pérez Cabrera. "Incidencia de los riesgos por accidentes en los costos operativos de las concesiones mineras de recursos no metálicos de Patapo - Lambayeque" (tese de licenciatura). Pimentel, Peru, Universidad Señor de Sipán, 2019, disponível em [https://repositorio.uss.edu.pe/handle/20.500.12802/5551].

— Tanto as organizações empresariais como os seus trabalhadores têm a responsabilidade de avaliar e identificar os riscos no trabalho, a fim de implementar acções para os enfrentar.

— O trabalho é feito em equipas.

— As acções correctivas são utilizadas para antecipar as situações de risco.

— A pessoa responsável pela segurança no trabalho é o proprietário e não o engenheiro de segurança (organizador, consultor e gestor de segurança).

II. segurança industrial

[6]Mancera *et al.* definem a segurança industrial como qualquer atividade destinada a prevenir, identificar e controlar as causas dos acidentes de trabalho. O seu objetivo é antecipar os factores de risco particulares e gerais presentes no local de trabalho que são causas reais ou potenciais de acidentes.

[7]Trata-se, portanto, de um domínio pluridisciplinar responsável pela redução do risco de acidentes numa empresa, cujas actividades, independentemente da sua natureza, apresentam riscos intrínsecos que exigem uma gestão adequada .

[8]De acordo com Cortés , os riscos fundamentais neste sector estão relacionados com acidentes e doenças que têm um impacto significativo dentro e fora da empresa onde ocorreu o acidente. Por conseguinte, a segurança industrial deve não só cumprir as normas legais em vigor em matéria de saúde e segurança no trabalho, mas também cumprir os respectivos requisitos estabelecidos pelas empresas em função das suas

---

[6] Mario Mancera Fernández, María Teresa Mancera Ruíz, Mario Ramón Mancera Ruíz e Juan Ricardo Mancera Ruíz. *Segurança e higiene industrial. Gestión de riesgos*. Colômbia, Editorial Alfaomega, 2012, disponível em [https://ashconsultores.com.ar/wp-content/uploads/2019/06/Libro_Seguridad_e_Higiene_industrial_ges.pdf], p. 12.

[7] Juan Daniel Hernández Domínguez. "Segurança no trabalho para prevenir acidentes na indústria". *Revista Ibero-Americana de Produção Académica e Gestão Educativa*, vol. 5, n.º 10, 2018, pp. 1-9, disponível em [https://www.pag.org.mx/index.php/PAG/article/view/773/1109].

[8] José María Cortés Díaz. Seguridad e higiene del trabajo: Técnicas de prevención de riesgos laborales, 12ª ed., Madrid, Espanha, Tébar, 2012.

actividades; os trabalhadores devem dispor de vestuário adequado e de outros elementos essenciais, necessitam também de supervisão médica, controlos técnicos e formação sobre gestão de riscos.

[9]Note-se que a segurança no sector industrial é relativa, pois não garante que não ocorram acidentes.

III. saúde e segurança no trabalho

[10]A saúde no ambiente de trabalho refere-se a doenças ou situações perigosas ligadas ou não ao seu trabalho numa empresa específica, bem como as ligadas a um ambiente fora do ambiente de trabalho .

[11]Segundo Pastor *et al.*, a implementação de uma avaliação de riscos não deve, de forma alguma, ser vista como um reforço burocrático, que não é um fim em si mesmo, mas como um meio para atingir os objectivos da empresa, identificando os riscos e, se essencial, empregando medidas preventivas. Assim, é fundamental que:

— Os riscos são eliminados ou minimizados através de medidas preventivas na fonte, na organização, na proteção individual ou colectiva, ou mesmo durante a formação e o fornecimento de dados ao pessoal.

— [12]Os locais de trabalho, as técnicas, a estrutura organizativa e a saúde dos trabalhadores são objeto de um controlo constante.

---

[9] Jaime Antonio Ortega Alarcón, Jorge Rafael Rodríguez López e Hugo Hernández Palma. "Importância da segurança dos trabalhadores no cumprimento de processos, procedimentos e funções". *Revista Academia & Derecho*, vol. 8, n.º 14, 2017, pp. 155-176, disponível em [https://dialnet.unirioja.es/servlet/articulo?codigo=6713605].

[10] Eduardo Raffo Lecca. *Introducción a la seguridad y salud en el trabajo*. Lima, Colecciones Jovic, 2016.

[11] Andrés Pastor Fernández, Manuel Otero Mateo, José María Portela Núñez e José Luis Viguera Cebrián. *Manual de prácticas de seguridad en el trabajo*. Espanha, Editorial UCA, 2016.

[12] Rafael Rodríguez Mesa. *Sistema general de riesgos laborales*, 3ª ed., Colômbia, Universidad del Norte, 2017.

[13]Este é um dos aspectos fundamentais das actividades laborais e são entendidos como elementos interdependentes que estabelecem uma política de saúde e segurança no ambiente de trabalho, promovendo uma cultura de prevenção de riscos e, por sua vez, optimizando os espaços de trabalho durante a execução da tarefa .

A. Trabalho e saúde

Desde o seu aparecimento, o homem utiliza os bens existentes em seu próprio benefício, satisfazendo assim as suas necessidades nutricionais e de proteção.

Assim, durante a evolução da humanidade, formaram-se sociedades, de modo a que os recursos naturais utilizados não só satisfizessem as necessidades individuais, mas também criassem outras utilizações, por exemplo, para actividades recreativas. [14]Estas necessidades geradas e o crescimento demográfico, bem como as próprias limitações da natureza, exigem a otimização da utilização destes recursos .

Assim, a utilização dos recursos naturais é reformulada para obter um maior rendimento. A este processo de conversão chama-se trabalho.

No entanto, esta conversão pode exceder as capacidades de uma pessoa e, devido à sua natureza incontrolada, representar um risco para a saúde da pessoa. Uma tal fonte de risco para a saúde é designada por perigo.

[15]A ENEL indica que o perigo é a qualidade de uma situação, material ou equipamento que pode prejudicar as pessoas, o ambiente ou o património cultural. Enquanto o risco profissional é definido como a probabilidade de um trabalhador ser

---

[13] ENEL. *Reglamento interno de seguridad y salud en el trabajo*. Lima, Peru, ENEL, 2021, disponível em [https://www.enel.pe/content/dam/enel-pe/sostenibilidad/sistemas-de-gesti%C3%B3n/enel-distribuci%C3%B3n/sistemas-de-gesti%C3%B3n-actualizados/Reglamento%20Interno%20de%20Seguridad%20y%20Salud%20en%20el%20Trabajo%20-%20V9.pdf].

[14] Maritza Edilma Sabogal Barbosa e Félix Eduardo Rodríguez Medina. "Competências do técnico na área de trabalho. Un análisis del programa técnico manejo de prevención de riesgos laborales de la Fundación Universitaria San Mateo". *Plataforma Abierta de Libros y Memorias Académicas*, vol. 1, 2019, pp. 9-36, disponível em [https://cipres.sanmateo.edu.co/ojs/index.php/libros/article/view/396].

[15] ENEL. *Reglamento interno de seguridad y salud en el trabajo*, cit.

ferido devido ao trabalho efectuado. O risco é classificado de acordo com a sua gravidade, avaliado juntamente com a sua ocorrência e gravidade.

IV. sistema nacional de segurança e saúde no trabalho

Consiste em todos os intervenientes e regras regulamentadas num país e nos quadros jurídicos nacionais, a fim de facilitar a prevenção dos riscos no ambiente de trabalho e a promoção das condições de trabalho, tais como o desenvolvimento de normas jurídicas, inspecções, formação, promoção e apoio e informação, registo, cuidados de saúde e seguros, participação e consulta dos trabalhadores para identificar e examinar repetidamente as actividades destinadas a garantir a proteção dos trabalhadores; [16]Entretanto, para os empregadores, é dada prioridade à implementação de cada processo e são promovidas estratégias competitivas para garantir uma posição no mercado.

V. Supervisor de saúde e segurança no trabalho

[17]Trata-se de um trabalhador que possui as aptidões e competências necessárias para exercer funções de controlo, escolhido pelos dirigentes de uma organização ou de outra entidade, até um máximo de vinte trabalhadores. Está encarregado de verificar os índices relativos aos acidentes de trabalho. [18]Alguns dos índices avaliados são :

---

[16] Ministério do Trabalho e da Promoção do Emprego. *Lei de Segurança e Saúde no Trabalho, seus regulamentos e alterações*. Lima, Peru, MTPE, 2017, disponível em [https://cdn.www.gob.pe/uploads/document/file/349382/LEY_DE_SEGURIDAD_Y_SALUD_EN_E L_TRABAJO.pdf].

[17] Idem.

[18] Liliana Rosalinda Agustini Paredes, Pedro Pablo Rosales López e Anwar Julio Yaroin Achachagua. *Ratios de accidentabilidad*. Lima, Peru, Universidad Nacional Mayor de San Marcos, 2021, disponível em [https://industrial.unmsm.edu.pe/wp-content/uploads/2021/04/PSEG103-Ratios-de-Accidentabilidad.pdf].

— *Índice de frequência (IF)*. Este índice refere-se ao número de acidentes mortais e incapacitantes por milhão de horas trabalhadas. O cálculo é efectuado através da seguinte fórmula:

$$IF = \frac{N° \, Accidentes \times 1\,000\,000 \, (N° \, Accidentes = Incap. + fatal)}{Horas \, hombre \, trabajadas}$$

— *Índice de gravidade (SI)*. Trata-se do número de dias perdidos ou facturados por milhão de horas trabalhadas. O cálculo é efectuado através da seguinte fórmula:

$$IS = \frac{N° \, Días \, perdidos \, o \, cargados \times 1\,000\,000}{Horas \, hombre \, trabajadas}$$

— *Índice de Acidentabilidade (IA)*. Trata-se de uma medida que combina o IF e o IS, pelo que o produto resultante dos referidos índices é dividido por mil.

$$IA = \frac{IF \times IS}{1000}$$

VI. Condições de trabalho

[19]É a caraterística (local, instalação, equipamento, etc.) que afecta significativamente a ocorrência de perigos dentro ou fora do ambiente de trabalho de um trabalhador.

Os poluentes e os elementos naturais presentes no ambiente profissional, bem como os procedimentos para a sua utilização, também influenciam a geração de riscos.

Além disso, todas as outras características do trabalho, incluindo as relacionadas com a sua organização e gestão, têm um impacto na dimensão dos riscos a que o trabalhador está exposto.

[19] Mancera Fernández, Mancera Ruíz, Mancera Ruíz e Mancera Ruíz. *Seguridad e higiene industrial. Gestión de riesgos*, cit.

As características que as condições de trabalho devem apresentar são: locais, instalações, equipamentos, produtos, ferramentas, agentes (físicos, químicos, biológicos e ergonómicos, de processo e organizacionais).

Do mesmo modo, é importante integrar:

— o local de trabalho, em particular a sua localização e acessibilidade;
— a atividade global da empresa;
— a atividade das empresas vizinhas;
— actividades simultâneas atípicas (execução de projectos, extensões e alterações em geral);
— e situações de emergência.

Relativamente a situações de emergência:

— incêndios;
— explosões;
— fuga de gases nocivos;
— derrames não controlados de produtos perigosos
— e radiação ionizante.

A. Lesões relacionadas com o trabalho

[20]De acordo com a OMS, "a saúde é um estado de completo bem-estar físico, mental e social e não apenas a ausência de doença ou enfermidade" .

O aspeto mais importante desta definição é a tripla dimensão que apresenta e a importância do equilíbrio entre as três. Da mesma forma, este conceito representa o facto como um elemento social que contribui para o progresso de uma sociedade e para o desenvolvimento das pessoas que a compõem.

---

[20] Gustavo Alcántara Moreno. "La definición de salud de la Organización Mundial de la Salud y la interdisciplinariedad". *Sapiens, Revista Universitaria de Investigación*, vol. 9, n.º 1, 2008, pp. 93-107, disponível em [https://www.redalyc.org/pdf/410/41011135004.pdf], p. 96.

Figura 1. Representação esquemática do conceito de saúde

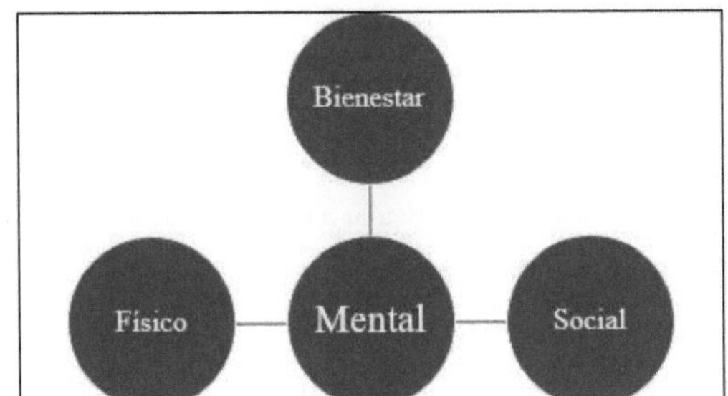

Fonte: Gustavo Alcántara Moreno. "A definição de saúde da Organização Mundial da Saúde e a interdisciplinaridade", cit.

A concretização de um risco pode causar danos à saúde, cujas manifestações mais visíveis são os acidentes ou as doenças. Para além disso, as características fundamentais destas manifestações de dano são:

— *Num acidente*, os danos para a saúde ocorrem de forma súbita e inesperada. É um indicador imediato e mais óbvio de más condições de trabalho.

— *Na doença*, o dano é uma deterioração lenta e gradual da saúde do trabalhador causada pela exposição crónica a condições adversas no decurso do trabalho.

B. Pirâmide de acidentes

[21]A pirâmide da sinistralidade é um estudo de George Germain e Frank Bird, que afirma que, por cada 600 ocorrências, há 30 acidentes ligeiros, 10 acidentes graves e um acidente grave .

---

[21] Raffo Lecca. *Introdução à segurança e saúde no trabalho*, cit.

Nesta pirâmide, alguns termos são utilizados em relação a incidentes, cujas definições são dadas a seguir:

— *Incidente*. Refere-se a um acontecimento não intencional relacionado com o trabalho, que pode ou não constituir um problema de saúde. [22]Este termo, *lato sensu*, inclui as variedades de acidentes de trabalho .
— *Causas de incidentes*. São um ou mais eventos relacionados que ocorrem para gerar um acidente. Dividem-se em:
  - *Falta de controlo*. Trata-se de falhas, ausências ou deficiências no sistema de gestão da saúde e segurança no trabalho.
  - *Causas básicas*. Relacionadas com factores pessoais e factores de trabalho.
  - *Causas imediatas*. Refere-se a actos ou condições não conformes com as normas.

Figura 2. A pirâmide de acidentes

---

[22] Ministério da Energia e das Minas. *Decreto Supremo que aprova o Regulamento de Segurança e Saúde Ocupacional e outras medidas complementares em mineração*. Decreto Supremo N.° 055-2010-EM de 01-01-2011, Lima, Peru, MINEM, 2011, disponível em [https://www.minem.gob.pe/minem/archivos/file/Mineria/LEGISLACION/2010/AGOSTO/DS%20055-2010--EM.pdf].

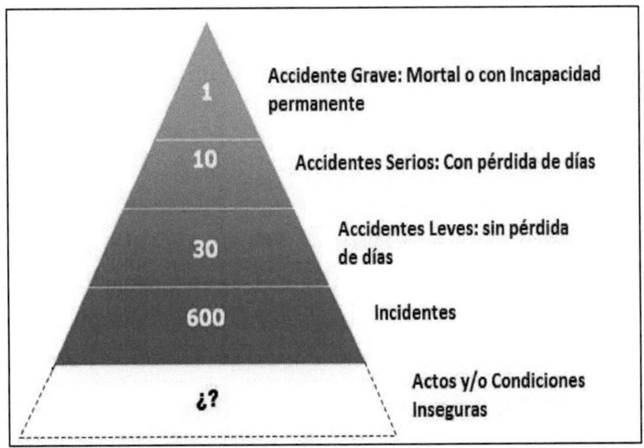

Fonte: Silvia Estefanía Lazo González. "Implementación de sistema de gestión de seguridad y salud en el trabajo para la realización de lasaña tradicional en la empresa Pizzerias Presto en base a Ley N.° 28783 Ley de Seguridad y Salud en el Trabajo" (tese de bacharelato). Arequipa, Peru, Universidad Católica de Santa María, 2016, disponível em [https://repositorio.ucsm.edu.pe/handle/20.500.12920/5518].

CAPÍTULO DOIS :

QUADRO JURÍDICO RELATIVO À GESTÃO DOS RISCOS PROFISSIONAIS

I. Decretos supremos ligados ao controlo dos riscos profissionais

[23]De acordo com o MTPE , aplica-se a todos os trabalhadores dos vários sectores económicos sujeitos ao regime laboral privado (serviços, indústria, educação, pesca, vestuário, etc.), e não apenas aos que têm regras especiais sobre a matéria, como a eletricidade ou as minas.

[24]Enquanto no decreto supremo do MVCS , é indicado o "Plano Nacional de Saneamento 2017- 2021". No Peru, os serviços oferecidos para melhorar as condições sanitárias dos cidadãos são inadequados porque carecem de qualidade e continuidade, o que indica uma falta de infraestrutura para fornecer esse tipo de serviço no país. De acordo com as projecções do Instituto Nacional de Estatística e Informática (INEI), em 2016 o Peru tinha uma população estimada em 32,4 milhões de habitantes, dos quais 72,2% correspondem a zonas urbanas e 22,8% a zonas rurais. As estimativas de cobertura registadas mostram que nas zonas urbanas 94,5% do total de habitantes dispõem de serviços de água potável e 88,3% de serviços de esgotos. [25]Por outro lado,

---

[23] Ministério do Trabalho e da Promoção do Emprego. *Aprueban reglamento de seguridad y salud en el trabajo.* Decreto Supremo N.° 009-2005-TR de 29-09-2005, Lima, Peru, MTPE, 2005, disponível em [https://oiss.org/wp-content/uploads/2018/11/12-03_Reglamento_de_Seguridad_y_salud_en_el_trabajo_2005-09-29_009-2005-TR_487.pdf].

[24] Ministério da Habitação, Construção e Saneamento. *Decreto Supremo que modifica el Reglamento de Organización y Funciones del Ministerio de Vivienda, Construcción y Saneamiento.* Decreto Supremo N.° 010-2014-VIVIENDA de 03-03-2015, Lima, Peru, MVCS, 2015, disponível em [https://cdn.www.gob.pe/uploads/document/file/360774/DS-006-2015-VIVIENDA.pdf].

[25] Instituto Nacional de Estatística e Informática. *Estado de la población peruana 2020.* Lima, Peru, INEI, 2020, disponível em [https://www.inei.gob.pe/media/MenuRecursivo/publicaciones_digitales/Est/Lib1743/Libro.pdf].

nas zonas rurais, a cobertura é estimada em 71,2% para a água potável e 24,6% para os esgotos.

II. Legislação em matéria de segurança e saúde no trabalho

[26]De acordo com a Lei n.º 29783, que contém uma nova base jurídica para a prevenção de riscos no trabalho, estipula, na sua disposição adicional, que é importante adaptar os regulamentos dos ministérios, a fim de aumentar a cultura de risco numa nação.

[27]E a Lei n.º 30222 , que foi publicada três anos mais tarde com algumas alterações à referida lei, prevê algumas regras gerais e específicas para:

— Garantir a integridade psicofísica das pessoas que participam no desenvolvimento das actividades, identificando, reconhecendo, reduzindo e controlando os riscos, de modo a reduzir a ocorrência de incidentes.

— Executar as tarefas de trabalho num ambiente seguro e saudável.

— Elaborar instruções para a execução dos planos de gestão e atenuar os riscos.

— Promover uma cultura de prevenção de riscos no local de trabalho, no âmbito do desempenho das respectivas funções.

— Considerar a inclusão de todos os trabalhadores no sistema de saúde e segurança no trabalho.

Conteúdo estrutural da lei sobre segurança e saúde no trabalho

---

[26] Congresso da República. *Lei de Segurança e Saúde no Trabalho*. Lei n.º 29783 de 20-08-2011. Lima, Peru, Congreso de la República, 2011, disponível em [https://web.ins.gob.pe/sites/default/files/Archivos/Ley%2029783%20SEGURIDAD%20SALUD%20EN%20EL%20TRABAJO.pdf].

[27] Congresso da República. *Lei que altera a Lei 29783, Lei de Segurança e Saúde no Trabalho*. Lei n.º 30222 de 11-07-2014. Lima, Peru, Congreso de la República, 2014, disponível em [https://leyes.congreso.gob.pe/Documentos/Leyes/30222.pdf].

[28]De acordo com o MTPE, a única disposição legal ou TUO que permite regular e prevenir riscos nas empresas é a Lei nº 29783.

[29]De igual modo, foi criado um sistema que permite a proteção da saúde do trabalhador, constituído por conselhos nacionais e regionais. Quanto ao Conselho Nacional, é composto por 12 representantes, quer do Estado (4), quer da própria empresa (4) e do sindicato (4).

Entre as funções da entidade patronal está o registo do SGSST, que pode ser conservado durante 20 anos se forem contabilizados os casos de doenças profissionais. Se a empresa tiver 20 ou mais trabalhadores, é necessário um comité de segurança e procedimentos de segurança e saúde no trabalho; caso contrário, é designado um supervisor. De igual modo, devem ser frequentadas, no mínimo, quatro acções de formação por ano sobre segurança e saúde no trabalho, elaboração de mapas de risco da empresa, entre outras.

O incumprimento do dever de prevenção por parte do empregador gera a obrigação de indemnizar as vítimas ou os seus beneficiários.

Por outro lado, os direitos e obrigações do pessoal incluem:

— Transmitem as acções e as exigências dos trabalhadores.

— Estão protegidos contra actos de hostilidade por parte do empregador.

— Participam em programas de formação.

— Têm direito a um emprego adequado.

— A proteção abrange os trabalhadores de empresas contratantes e subcontratantes.

---

[28] Ministério do Trabalho e da Promoção do Emprego. *Lei de Segurança e Saúde no Trabalho, seus regulamentos e alterações*. Lima, Peru, MTPE, 2017, disponível em [https://cdn.www.gob.pe/uploads/document/file/349382/LEY_DE_SEGURIDAD_Y_SALUD_EN_EL_TRABAJO.pdf].

[29] Congresso da República. *Lei de Segurança e Saúde no Trabalho*, cit.

— São estabelecidas obrigações para os trabalhadores (por exemplo, respeitar as regras e regulamentos, utilizar os instrumentos e materiais de trabalho que lhes são atribuídos, não manusear equipamentos e ferramentas sem autorização, cooperar nos processos de investigação, submeter-se a exames, comunicar quaisquer eventos de risco ao empregador, comunicar acidentes, etc.).

Foi também incluído um novo artigo (artigo 168.º) sobre condições de trabalho saudáveis e seguras.

[30]Além disso, esta lei é regulamentada pelo decreto supremo 005-2012-TR , composto por 123 artigos, que estão organizados em sete títulos, uma disposição final e uma disposição transitória.

Tabela 1. Estrutura do Decreto Supremo 005-2012-TR

Título	Capítulo	Artigos
I.- Disposições gerais	Geral	1 a 4
II.- Política nacional de SST		5 a 6
III - Sistema nacional de SST	I II	7 a 21
IV.- Sistema de gestão da SST	I II III IV V VI	23 a 24 25 26 a 37 38 a 73 74 a 75 76 a 78

[30] Presidência da República do Peru. *Aprovação da Lei de Segurança e Saúde no Trabalho*. Decreto Supremo nº 005-2012-TR de 01-11-2016. Lima, Peru, Presidência da República do Peru, 2016, disponível em [https://www.gob.pe/institucion/presidencia/normas-legales/462577-005-2012-tr].

	VII VIII IX	79 a 84 85 a 88 89 a 90
V.-Direitos e obrigações	I II	92 a 104 105 a 109
VI - Notificação de acidentes	 I II	110 a 116 117 a 118 119 a 122
VII - Supervisão e controlo		123
Disposição complementar final		Apenas
Disposições transitórias complementares		

Fonte: Presidência da República do Peru. *Aprovação da Lei de Segurança e Saúde no Trabalho*, cit.

O Decreto Supremo 005-2012-TR afirma claramente que é necessário incluir os protocolos de saúde e segurança da empresa no contrato de trabalho.

Estes devem ter em conta os riscos profissionais, nomeadamente os ligados às funções exercidas na empresa; não se trata apenas de fornecer folhetos informativos, mas exige um compromisso da empresa para que o pessoal possa facilmente identificar e compreender os riscos.

As licenças remuneradas abrangem o tempo de deslocação para o local de formação, o tempo passado no local de formação e o tempo necessário para regressar ao local de trabalho.

III. norma OHSAS 18001

Esta norma é utilizada a nível mundial para o sistema de gestão dos riscos profissionais (SGRST), em substituição de outros modelos já extintos, como o Guia BS 8800.

[31]Conta também com a ISO 9001 e a ISO 14001, prestigiados organismos de normalização e certificação, bem como com a abordagem da OIT que, embora não seja definida como "não certificável", não promove a certificação.

A. Estrutura da norma OHSAS 18001

[32]A OHSAS 18001, Série de Avaliação da Segurança e Saúde no Trabalho, refere-se a uma norma de avaliação globalmente reconhecida para o SGSST, desenvolvida por um grupo de organizações líderes de certificação e comércio para preencher um nicho nas normas internacionais.

Esta norma considera os seguintes domínios básicos:

— Identificação de ameaças, avaliação de riscos e estabelecimento de controlos

— Requisitos legais e outros

— Objectivos e programas

— Recursos, cargos, responsabilidade, deveres e autoridade

— Competência, formação e sensibilização

— Comunicação, participação e consultoria

— Controlo operacional.

— Preparação e resposta a emergências.

— Medição, controlo e melhoria do desempenho

Do mesmo modo, o modelo de SGSST proposto por esta norma está estruturado em cinco módulos:

— Política de SST

— Planeamento

— Aplicação e funcionamento

— Verificação

— Revisão da gestão

---

[31] Associação Espanhola de Normalização e Certificação (Ed.). *OHSAS 18001:2007. Sistemas de Gestão da Segurança e Saúde no Trabalho - Requisitos*, cit.

[32] Idem.

Figura 3. Modelo da norma OHSAS 18001

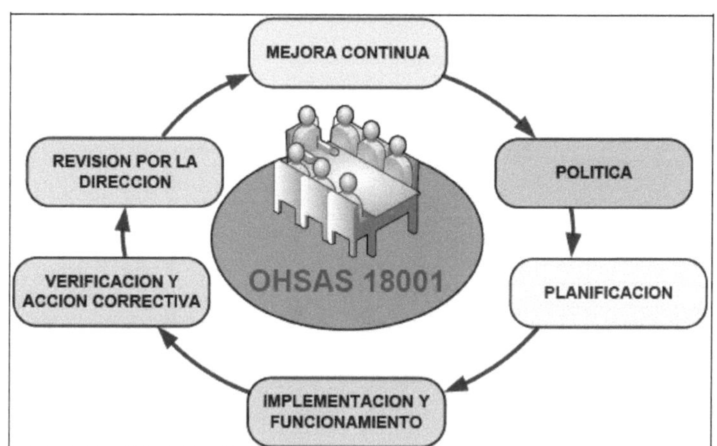

Fonte: Associação Espanhola de Normalização e Certificação (Ed.). *OHSAS 18001:2007. Sistemas de gestão da segurança e saúde no trabalho - Requisitos*, cit.

Existem também outras vantagens para uma gestão empresarial correcta no âmbito da saúde e segurança deste regulamento.

— Permite a integração da saúde e da segurança a diferentes níveis.

— Fomenta atitudes positivas dos trabalhadores, incentiva a participação contínua e promove uma cultura de prevenção num ambiente estruturado.

— Fornece ferramentas para reduzir os incidentes relacionados com o trabalho.

— Permite a conformidade e a prova da conformidade legal.

— Faz com que a imagem da empresa se destaque e se apresente à sociedade.

[33]Esta norma é mais compatível com as normas ISO 14001 e ISO 9001, abrangendo conceitos modernos e comprovados de gestão da segurança e saúde no trabalho, bem como outros significados.

Figura 4. Compatibilidade entre regulamentos

Fonte: Carlos Fernando Atahualpa Carrera Endara, Cristian Heriberto Ligña Cumbal, Galo Renan Moreno Cueva e Ruben Morales Carrera. *Sistemas de gestión de calidad*. Estados Unidos, Compás, 2018, disponível em [http://142.93.18.15:8080/jspui/bitstream/123456789/466/3/SISTEMAS%20DE%20 GESTI%C3%93N%20DE%20LA%20CALIDAD.pdf].

[34]Importa referir que a OHSAS 18001 se baseia na metodologia PHVA, também conhecida como ciclo de Edward Deming.

Figura 5. Ciclo de Deming

---

[33] Cristina abril Sánchez, Antonio Enríquez Palomino e José Manuel Sánchez Rivero. *Guía para la integración de sistemas de gestión: calidad, medio ambiente y salud en el trabajo*, 2.ª edição, Madrid, Espanha, Fundación Confemetal, 2012.

[34] Carrera Endara, Ligña Cumbal, Moreno Cueva e Morales Carrera. *Sistemas de gestión de calidad*, cit.

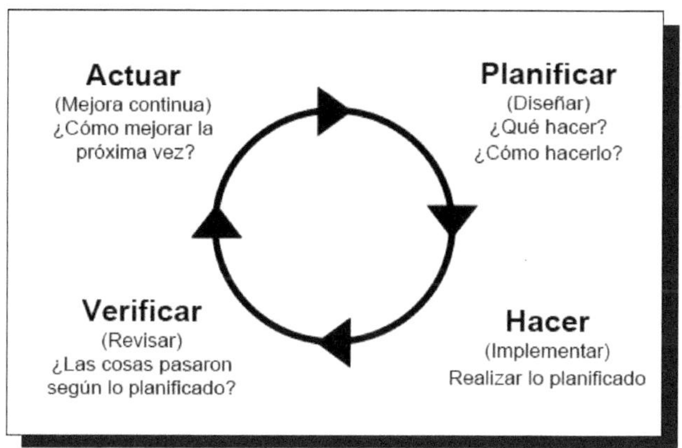

Fonte: Carrera Endara, Ligña Cumbal, Moreno Cueva e Morales Carrera. *Sistemas de gestión de calidad*, cit.

[35]A estrutura do modelo inclui, entre outros, requisitos gerais, objectivos e programas, IPERC, comunicação, documentação, controlo operacional, avaliação da conformidade legal, investigação de acidentes, não-conformidades, manutenção de registos, auditoria interna e análise da gestão .

Tabela 2. Estrutura da norma OHSAS 18001

[35] Bernal Mateus, María del Carmen. *La norma OHSAS 18001 y su implementación*, 2ª ed., Bogotá, Colômbia, ICONTEC, 2009.

Estrutura da norma OHSAS 18001

1. OBJECTIVO E ÂMBITO
2. PUBLICAÇÃO PARA CONSULTA
3. TERMOS E DEFINIÇÕES
4. REQUISITOS DO SISTEMA DE GESTÃO SST:

4.1 Requisitos gerais

4.2 Política de SST

4.3 Planeamento

4.3.1 Identificação de perigos, avaliação de riscos e controlos

4.3.2 Requisitos legais e outros

4.3.3 Objectivos e programas

4.4 Aplicação e funcionamento

4.4.1 Recursos, funções, responsabilidades e autoridade

4.4.2 Competência, formação e sensibilização

4.4.3 Comunicação, participação e consulta

4.4.4 Documentação

4.4.5 Controlo de documentos

4.4.6 Controlo operacional

4.4.7 Preparação e resposta a emergências

4.5 Verificação

4.5.1 Controlo e avaliação do desempenho

4.5.2 Avaliação da conformidade legal

4.5.3 Investigação de incidentes, não conformidade, CA/AP

4.5.4 Controlo dos registos

4.5.5 Auditoria interna

4.6 Revisão da gestão.

Fonte: Associação Espanhola de Normalização e Certificação (Ed.). *OHSAS 18001:2007. Sistemas de gestão da segurança e saúde no trabalho - Requisitos*, cit.

O ciclo da OHSAS 18001 é influenciado pelas necessidades empresariais de aumentar a competitividade, tendo em conta as perdas resultantes de lesões nos trabalhadores.

Figura 6. O ciclo do sistema OHSAS 18001

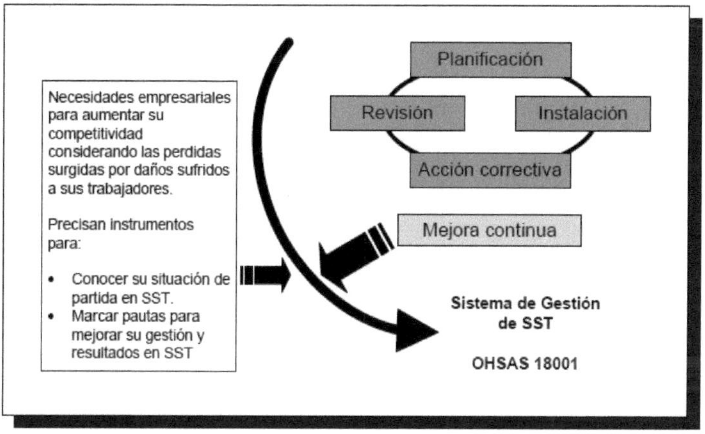

Fonte: Associação Espanhola de Normalização e Certificação (Ed.). *OHSAS 18001:2007. Sistemas de gestão da segurança e saúde no trabalho - Requisitos*, cit.

A figura seguinte mostra os elementos envolvidos no SGSST:

Figura 7. Actores do SGSST e suas funções

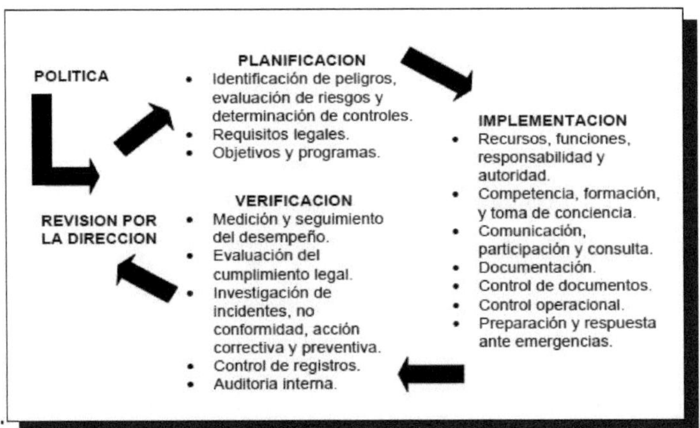

Fonte: Associação Espanhola de Normalização e Certificação (Ed.). *OHSAS 18001:2007. Sistemas de gestão da segurança e saúde no trabalho - Requisitos*, cit.

B. Documentação

Esta norma estipula os requisitos para um SGSST, que permite a uma empresa gerir os riscos profissionais e melhorar o seu desempenho em matéria de SST, mas não especifica os critérios de desempenho em matéria de SST nem fornece especificações pormenorizadas para a conceção de um SGSST. A conceção deve ser elaborada pela organização, neste caso pela empresa, em função da dimensão, dos riscos, do tipo, das actividades e dos recursos. Esta elaboração é efectuada através da identificação de procedimentos específicos e requer os seguintes documentos:

— Manual de Segurança e Saúde no Trabalho (SST); um conjunto de definições que estabelece as acções e os procedimentos de planeamento, funcionamento, verificação e revisão da norma.

— Procedimentos de gestão administrativa; um conjunto ordenado de instruções ou regras que definem e estabelecem os padrões operacionais exigidos pela norma e aplicados à empresa.

— Procedimentos para actividades críticas; Instruções ou regras específicas definidas para o controlo dos riscos em actividades definidas como críticas.

— Procedimentos de controlo de registos; Um conjunto ordenado de instruções que estabelece a acreditação de registos exigidos pela norma para a verificação contínua da conformidade.

Figura 8. Documentação no sistema OHSAS 18001

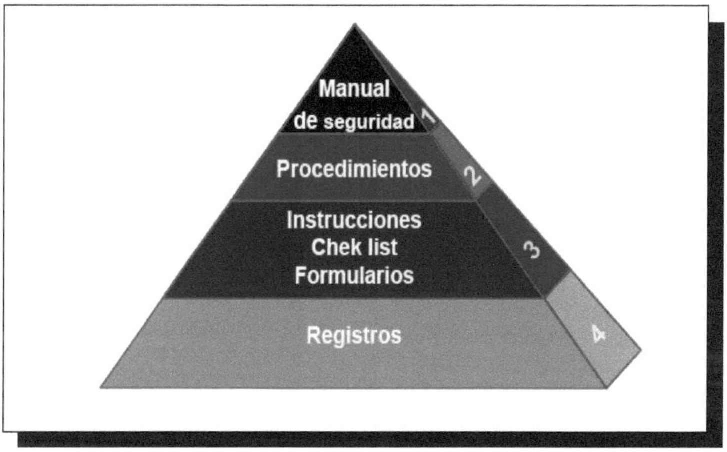

Fonte: Associação Espanhola de Normalização e Certificação (Ed.). *OHSAS 18001:2007. Sistemas de gestão da segurança e saúde no trabalho - Requisitos*, cit.

C. Benefícios da aplicação

Uma das vantagens desta norma é o facto de reduzir o número de feridos (próprios e terceiros) através da prevenção e gestão de riscos na empresa, bem como os recursos desperdiçados devido a acidentes. Da mesma forma, os clientes ficarão satisfeitos com o serviço ou produto oferecido. As partes interessadas da empresa poderão constatar que existe um compromisso com a saúde e a segurança do pessoal.

Para além disso, é necessário garantir o cumprimento da respectiva legislação; a ausência de paragens indesejadas, com a consequente redução de custos. Em última análise, a produtividade e, por conseguinte, a competitividade serão melhoradas.

CAPÍTULO TRÊS :

ESTUDO PRELIMINAR

Neste capítulo serão apresentados diversos estudos realizados sobre a aplicação de normas de controlo de riscos em diferentes organizações, bem como os requisitos e regulamentos das próprias empresas para a prevenção de riscos. Por último, detalha-se a situação das empresas peruanas nesta matéria.

[36]Tal como Pérez afirma na sua investigação, todas as empresas devem dispor de um sistema que lhes permita proporcionar segurança e saúde ao seu pessoal, o que será necessário para estabelecer as directrizes para uma gestão organizacional adequada. Por conseguinte, a implementação de um sistema deste tipo nas empresas contratantes do sector económico mineiro e metalúrgico permitirá reduzir a tendência de acidentes mortais.

[37]González desenvolveu um sistema baseado na norma OHSAS 18001 para reduzir os riscos a que estavam expostos os trabalhadores de uma fábrica de cosméticos. O objetivo era contribuir para o bem-estar dos trabalhadores e, assim, aumentar a sua produtividade na fábrica.

[38]Quanto ao estudo de Valladarez, estabeleceu uma estrutura referente ao reconhecimento e controlo dos riscos para reduzir a possibilidade de acidentes, o que

---

[36] José Luis Pérez. "Sistema de gestión en seguridad y salud ocupacional aplicado a empresas contratistas en el sector económico minero metalúrgico" (Tese de Mestrado). Lima, Peru, Universidad Nacional de Ingeniería, 2007, disponível em [http://hdl.handle.net/20.500.14076/633].

[37] Nury Amparo González González. "Diseño del sistema de gestión en seguridad y salud ocupacional, bajo los requisitos de la norma NTC-OHSAS 18001 en el proceso de fabricación de cosméticos para la empresa Wilcos S.A." (tese de bacharelato). Bogotá, Colômbia, Pontificia Universidad Javeriana, 2009, disponível em [http://hdl.handle.net/10554/7232].

[38] Jaime Mauricio Valladarez Tola. "Implementación del sistema de gestión en seguridad y salud ocupacional bajo una nueva versión de la norma OHSAS 18001:2007 en la Corporación Eléctrica de Ecuador Celec-Hidropaute" (Tese de Mestrado). Equador, Universidad de Cuenca, 2010, disponível em [http://dspace.ucuenca.edu.ec/handle/123456789/2631].

também contribuiu para a melhoria do desempenho geral dos trabalhadores, ao abrigo da nova versão da norma OHSAS 18001 na empresa de eletricidade do Equador.

[39]Por sua vez, Terán propôs uma ação mais eficaz no campo da prevenção, através de um processo de melhoria contínua. Desta forma, as empresas podem também dispor de uma ferramenta essencial para cumprir o estipulado na norma OHSAS 18001.

[40]No que diz respeito à investigação de Matabanchoy, esta foi efectuada com base na escolha e na distribuição adequada de vários documentos digitais. O desafio tem sido o de promover uma organização saudável que garanta o bem-estar e um ambiente de trabalho adequado, para o que é essencial contar com o apoio da direção.

[41]Enquanto no estudo de Bustamante , infere-se que houve uma efetiva responsabilidade da presidência da empresa de construção elétrica IELCO em acompanhar periodicamente o cumprimento das normas de segurança nas áreas administrativas e de execução dos projetos. Deve-se considerar também que essa empresa foi capaz de elaborar propostas baseadas na melhoria contínua para salvaguardar a saúde do trabalhador. Foi assim que se iniciou o processo de reestruturação de uma empresa para a implementação do padrão normativo (OHSAS 18001).

[42]Em relação à investigação de Romero, foi efectuada uma análise dos problemas encontrados na empresa Mirrorteck Industries S.A., que não dispõe de um

---

[39] Itália Sabrina Terán Pareja. "Propuesta de implementación de un sistema de gestión de seguridad y salud ocupacional bajo la norma OHSAS 18001 en una Empresa de Capacitación Técnica para la Industria" (tese de bacharelato). Lima, Pontificia Universidad Católica del Perú, 2012, disponível em [http://hdl.handle.net/20.500.12404/1620].

[40] Sonia Maritza Matabanchoy Tulcán. "Saúde no trabalho". *Universidad y Salud*, vol. 14, no. 1, 2012, pp. 87-102, disponível em [https://revistas.udenar.edu.co/index.php/usalud/article/view/1270].

[41] Fernando Bustamante Granda. "Sistema de gestión en seguridad basado en la norma OHSAS 18001 para la empresa constructora eléctrica IELCO" (Tese de mestrado). Equador, Universidad Politécnica Salesiana, 2013, disponível em [https://dspace.ups.edu.ec/handle/123456789/5375].

[42] Ángela Liliana Romero Albán. "Diagnóstico de normas de seguridad y salud en el trabajo e implementación del reglamento de seguridad y salud en el trabajo en la Empresa Mirrorteck Industries

modelo de sistema de gestão da segurança e saúde no trabalho, em conformidade com a legislação equatoriana. A metodologia utilizada é reflexiva e descritiva, além de analisar os problemas, avaliar os custos e propor soluções e formação para o pessoal da fábrica.

[43]Em relação ao estudo de Vásquez , que contribui para a melhoria contínua da organização através da integração da prevenção em todos os níveis hierárquicos da empresa e da utilização de ferramentas de melhoria, indica que foram identificados 23 perigos potenciais e que um total de 132 trabalhadores foram expostos. Os riscos foram considerados moderados e ocorreram principalmente nas actividades de perfuração, equipamento mecânico e transporte, tendo havido menos nas actividades de monitorização e de escritório.

[44]Por outro lado, Achinte e Henao realizaram um diagnóstico do estado atual de uma empresa de manutenção, depois implementaram um plano de recolha e registo da informação necessária ao planeamento e, por fim, desenvolveram uma proposta de estruturação do sistema de segurança e saúde no trabalho. A organização dispunha de dados referentes aos aspectos acima referidos, no entanto, estes encontravam-se de forma desorganizada e impediam a execução das orientações normativas. Conclui-se que foi alcançada uma implementação de 80% do sistema planeado.

[45]O estudo de Barrera-García *et al.* propõe a aplicação de modelos matemáticos para a prevenção de lesões profissionais. Este deve ter em conta o tipo de tarefa e as

---

S.A." (tese de mestrado). Equador, Universidad de Guayaquil, 2014, disponível em [http://repositorio.ug.edu.ec/handle/redug/4494].

[43] Marco Antonio Vásquez Ojeda. "Implantación de un sistema de gestión de seguridad y salud ocupacional en el proyecto especial Olmos - Tinajones - Lambayeque" (Tese de mestrado). Trujillo, Peru, Universidad de Trujillo, 2016, disponível [http://dspace.unitru.edu.pe/items/62188267-261a-49a1-bf9d-9ad96b750193].

[44] Adriana Stella Achinte Hurtado e Sidney Oriana Henao Clavijo. "Planeamento do sistema de gestão da segurança e saúde no trabalho para uma empresa de manutenção local com base no Decreto 1072 de 2015, período 2015-2016" (Tese de especialização). Cali, Colômbia, Universidad Libre, 2016, disponível em [https://repository.unilibre.edu.co/handle/10901/9893?show=full].

[45] Aníbal Barrera-García, Alejandro González-Delgado e Damayse Pérez-Fernández. "Identificación de factores incidentes en la accidentalidad laboral en empresas de Cienfuegos". *Industrial Engineering*, vol. 37, no. 2, 2016, pp. 127-137, disponível em [https://www.redalyc.org/articulo.oa?id=360446197003].

suas características, o sistema de trabalho, a conceção técnica, o ambiente seguro na empresa e a cultura de risco, bem como as características do trabalhador. Todos estes elementos podem ter um impacto na segurança no trabalho, no ambiente de trabalho, nos comportamentos seguros e, consequentemente, na redução das lesões.

[46]Segundo Gadea , o manuseio inadequado de cargas, a entrada contínua de caminhões e o armazenamento de produtos nocivos, a falta de iluminação adequada são alguns fatores que podem ter impacto no aumento dos riscos dentro de uma empresa; porém, os mais críticos são aqueles realizados diretamente com a produção, que neste caso se refere às operações com corte e costura de tecidos. Portanto, é necessário implementar um SGSST para aumentar os benefícios administrativos, éticos e industriais na empresa.

[47]Purga e Torres referem que o seu plano de implementação de um sistema para garantir a saúde e a segurança de um trabalhador no ambiente de trabalho permite uma diminuição dos custos com as respectivas infracções regulamentares. No entanto, a redução dos acidentes de trabalho não é viável, uma vez que a obrigação dos trabalhadores de respeitarem os sistemas de segurança ultrapassa os parâmetros de gestão.

[48]Quanto ao estudo de Tirado e Vega , foi concebido um plano de riscos profissionais para uma empresa que presta serviços de água potável, que contém o

---

[46] Adrián Wilfredo Gadea García. "Propuesta para la implementación del sistema de gestión de seguridad y salud en el trabajo en la empresa SUMIT S.A.C." (tese de bacharelato). Lima, Peru, Universidad de Lima, 2016, disponível em [https://repositorio.ulima.edu.pe/bitstream/handle/20.500.12724/3497/Gadea_Garcia_Adrian.pdf?sequence=1&isAllowed=y].

[47] Wendy Arelí Purga Ruiz e Anthony Percy Torres Vargas. "Propuesta de implementación de un sistema de seguridad y salud ocupacional basado en la norma OHSAS 18001:2007 para evitar costos por incidentes en el consorcio Alvac Johesa" (tese de bacharelato). Lima, Peru, Universidad Privada del Norte, 2017, disponível em [https://repositorio.upn.edu.pe/handle/11537/12390].

[48] Jefferson Andrée Tirado Medina e Víctor Luis Vega Ybáñez. "Propuesta para la implementación de un plan de seguridad y salud ocupacional para controlar los riesgos y reducir los accidentes en la división de mantenimiento de la empresa de servicio de agua potable y alcantarillado de la Libertad - Sedalib S.A." (Tese de bacharelato). Trujillo, Peru, Universidad Nacional de Trujillo, 2017, disponível em [http://dspace.unitru.edu.pe/handle/UNITRU/8880].

regulamento da empresa, uma matriz IPERC, programas anuais relacionados com o bem-estar do pessoal e procedimentos escritos para um trabalho seguro. Finalmente, realizou-se uma avaliação económica do plano proposto e os indicadores económicos obtidos são VAL = S/. 140.384,41 e TIR = 72%, o que significa que a implementação da proposta foi altamente rentável.

[49]Por outro lado, Niciejewska e Kiriliuk consideram que a principal preocupação de uma empresa é a capacidade de classificar e atribuir corretamente os riscos potenciais do pessoal da sua empresa, avaliá-los e tomar as medidas correctivas ou preventivas necessárias.

[50]O estudo de Contri e Desiderio , no qual foi aplicado um SGSST baseado na norma ISO 45001, afirma que esta é uma oportunidade para as grandes empresas trabalharem em vários aspectos da SST através de uma abordagem de gestão altamente competitiva, uma vez que permite a consolidação de uma cultura organizacional, a participação dos trabalhadores e o empenho da gestão de topo, melhorando a formação do pessoal e gerindo a prevenção de riscos através de planos de ação.

[51]Por seu lado, Cuba e Mercado consideram que o pessoal deve ser formado não só em termos de riscos profissionais, mas também na aplicação de ferramentas de trabalho para realizar actividades de forma eficaz e para agir rapidamente em caso de emergência.

Situação da saúde e segurança no trabalho no Peru

---

[49] Marta Niciejewska e Olga Kiriliuk. "Gestão da segurança e saúde no trabalho em empresas de pequena dimensão, com especial ênfase na identificação de riscos". *Production Engineering Archives*, vol. 26, n.º 4, 2020, pp. 195-201, disponível em [https://sciendo.com/article/10.30657/pea.2020.26.34].

[50] Leandro Contri Campanelli e Lucas Desiderio Ribeiro. "Envolvimento das empresas brasileiras com aspectos de saúde e segurança ocupacional e a nova ISO 45001:2018". *Produção*, vol. 31, 2021, pp. 1-13, disponível em [https://doi.org/10.1590/0103-6513.20210005].

[51] Ramiro Cuba Miranda e César Mercado Rivero. "Implementación de un plan de seguridad y salud ocupacional en las labores de mantenimiento, ironing y pintura en la empresa Fátima Car Service Srl - Cusco - 2021" (tese de bacharelato). Cusco, Peru, Universidad Continental, 2022, disponível em [https://hdl.handle.net/20.500.12394/11814].

[52]Mejía *et al.* realizaram uma investigação sobre a tendência dos acidentes e doenças profissionais notificados ao Ministério do Trabalho e da Promoção do Emprego (MTPE) do Peru. Foi realizado um estudo descritivo com relatórios extraídos de boletins mensais de setembro de 2010 a dezembro de 2014, tendo sido notificados 54 596 acidentes de trabalho não fatais em todo o país, dos quais 90,2% (48 365) eram do sexo masculino. A cidade metropolitana de Lima foi a que registou o maior número de acidentes de trabalho não mortais (76,9%), seguida da província constitucional de Callao (15,0%) e do departamento de Arequipa (3,8%). No mesmo período, foram registados 674 acidentes mortais, 3432 incidentes e 346 doenças profissionais.

Tabela 3. Doenças ocupacionais, acidentes e incidentes notificados ao MTPE de 2010 a 2014.

Notificações	2010	2011	2012	2013	2014	Total
Acidentes de trabalho não mortais	198	4 728	15 508	19 412	11 271	54 596
Lima Metropolitana	140	4117	11 630	14 804	14 570	41 962
Callao	0	301	3430	3481	991	8203
Arequipa	0	29	183	222	1647	2 081
Piura		100	410	531	413	1468

[52] Christian Mejía, Matlin Cárdenas e Raúl Gomero-Cuadra. "Notificación de accidentes y enfermedades laborales al Ministerio de Trabajo. Peru 2010-2014." *Revista Peruana de Medicina Experimental y Salud Pública*, vol. 32, no. 3, 2015, pp. 526-531, disponível em [https://doi.org/10.17843/rpmesp.2015.323.1689].

A Liberdade	0		79	101	87	287
Acidentes de trabalho mortais		145	199	178		674
Incidentes no local de trabalho	130	623	826	983	826	2432
Doenças trabalho	8	110	107			346

Fonte: Mejía, Cárdenas e Gomero-Cuadra. "Notificación de accidentes y enfermedades laborales al Ministerio de Trabajo. Peru 2010-2014", cit.

Tabela 4. Tipos de doenças profissionais notificadas ao MTPE de 2010 a 2014

Doenças profissionais	2010	2011	2012	2013	2014	Total
Perda de audição	0		21			
Dermatite alérgica	0		30			
Silicose	0	9				
Por posições	0				0	
Leishmaniose	0		5			
Devido a tóxicos/químicos	0		5	0		
Dores de costas	0	0		0	0	

Varizes dos membros inferiores	0	0	0	1	0	1
Ciática	0	0	1	0	0	1
Devido à radiação	0	1	1	0	0	
Hepatite	0	0	1	0	0	1

Fonte: Mejía, Cárdenas e Gomero-Cuadra. "Notificación de accidentes y enfermedades laborales al Ministerio de Trabajo. Peru 2010-2014", cit.

Figura 9. Acidentes de trabalho não fatais notificados de 2010 a 2014.

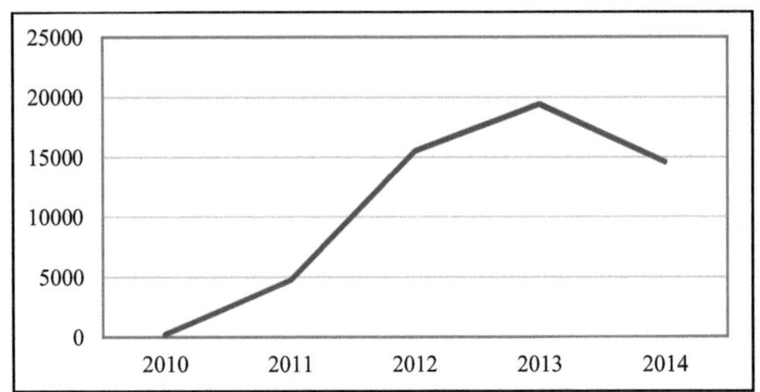

Fonte: Mejía, Cárdenas e Gomero-Cuadra. "Notificación de accidentes y enfermedades laborales al Ministerio de Trabajo. Peru 2010-2014", cit.

A Figura 9 mostra a variação dos acidentes mortais entre 2010 e 2014. Verifica-se que em 2013 registaram-se 19.412 acidentes não mortais a nível nacional, tendo diminuído em 2014 para 14.804 acidentes não mortais.

Figura 10. Acidentes de trabalho fatais notificados de 2010 a 2014.

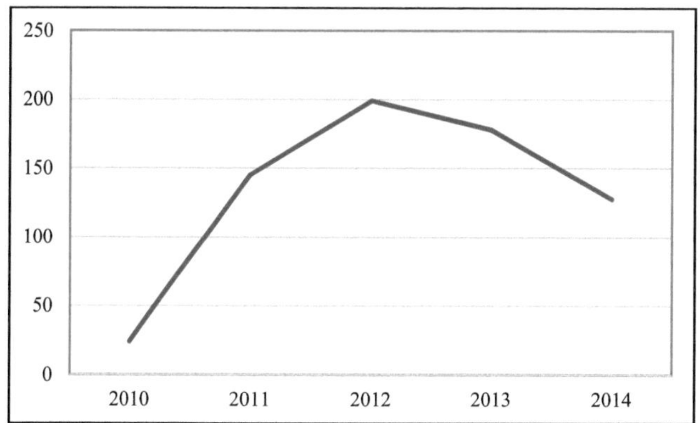

Fonte: Mejía, Cárdenas e Gomero-Cuadra. "Notificación de accidentes y enfermedades laborales al Ministerio de Trabajo. Peru 2010-2014", cit.

A Figura 10 mostra a variação de 2010 a 2014. Verifica-se que em 2012 se registaram 199 acidentes mortais a nível nacional, diminuindo em 2014 para 128 acidentes mortais.

Figura 11. Incidentes no local de trabalho de 2010 a 2014

1200
1000
800
600
400
200
0
2010 2011 2012 2013 2014

Fonte: Mejía, Cárdenas e Gomero-Cuadra. "Notificación de accidentes y enfermedades laborales al Ministerio de Trabajo. Peru 2010-2014", cit.

A Figura 11 mostra a variação entre 2010 e 2014. Neste sentido, em 2013 registaram-se 983 incidentes a nível nacional, tendo este valor diminuído em 2014 para 870 incidentes.

As empresas e o Estado devem implementar estratégias para reduzir os riscos, por meio de treinamentos aos trabalhadores, materiais de segurança e fiscalizações da Superintendência Nacional de Inspeção do Trabalho (SUNAFIL, 2016).

Figura 12. Doenças profissionais de 2010 a 2014

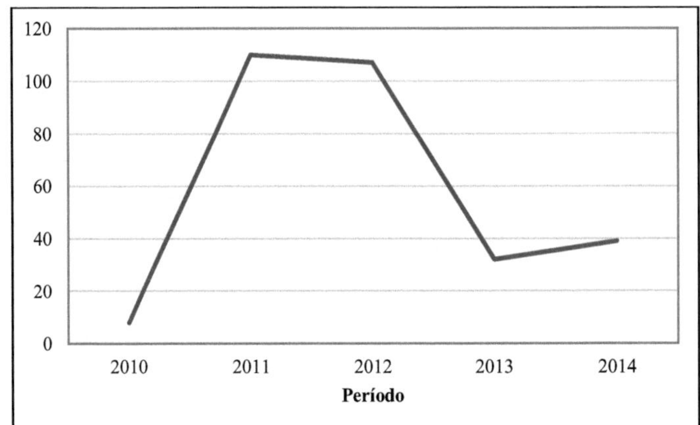

Fonte. Mejía, Cárdenas e Gomero-Cuadra. "Notificación de accidentes y enfermedades laborales al Ministerio de Trabajo. Peru 2010-2014", cit.

A Figura 12 mostra a variação de 2010 a 2014. Da mesma forma, verifica-se que em 2011 e 2012 ocorreu o maior número de doenças ocupacionais a nível nacional, que diminuiu em 2014.

CAPÍTULO QUATRO :

PROPOSTA DE PLANEAMENTO DE UM SISTEMA DE SEGURANÇA E SAÚDE NO TRABALHO PARA UMA EMPRESA DE SANEAMENTO. ESTUDO DE CASO

I. Enunciado do problema

[53]A segurança empresarial diz respeito a regras, procedimentos e estratégias que visam preservar a integridade física do pessoal .

Por conseguinte, cada organização existente deve ser uma referência para a sustentabilidade no trabalho. Por esta razão, não podem continuar apenas com a produção de bens e serviços, mas devem ser capazes, no seu trabalho quotidiano, de assumir o desafio de reduzir o seu impacto nos riscos profissionais, em benefício do seu ambiente.

[54]De acordo com os dados estatísticos do MTPE peruano, entre 2010 e 2014, foram registados 54 596 acidentes de trabalho não mortais e 41 962 acidentes de trabalho mortais a nível nacional . Este facto demonstra que existe um grande número de acidentes nos locais de trabalho do país.

Em relação à empresa SEDA-JULIACA, que fornece água potável e serviços de esgotos a vários sectores do Peru, cumpre as normas sanitárias. Da mesma forma, as principais actividades são realizadas em instalações de tratamento de águas residuais, área de produção, e são as seguintes operações: limpeza da área de captação da bacia hidrográfica do rio Coata, sector Ayabacas; bombeamento e impulsão; manutenção de equipamentos (bombas eléctricas); sedimentação e limpeza de tanques

[53] Congresso da República. *Lei de Segurança e Saúde no Trabalho*, cit.

[54] Mejía, Cárdenas e Gomero-Cuadra. "Notificación de accidentes y enfermedades laborales al Ministerio de Trabajo. Peru 2010-2014", cit.

de decantação; bem como limpeza de filtros convencionais. No entanto, verificou-se que os trabalhadores não dispõem dos EPI (equipamentos de proteção individual) adequados em cada uma das actividades, nem existe sinalização de segurança, pelo que os trabalhadores estão expostos a riscos.

Perante esta situação de trabalho, deve ser implementado um SGSST para reduzir os acidentes de trabalho, reduzir o tempo de inatividade e os custos associados, e clarificar o seu compromisso para com a saúde e segurança dos trabalhadores.

Os sistemas de gestão normalizados são instrumentos de gestão e documentação comprovados, baseados em procedimentos "normalizados", e constituem uma boa ferramenta para a prevenção de acidentes nas empresas.

[55]Assim, propõe-se a conceção de um SGSST conforme à OHSAS 18001 para a empresa SEDA-JULIACA, com base num "diagnóstico de prevenção de riscos sistémicos" do ponto de vista organizacional, que inclua os efeitos de risco mais evidentes. Ou seja, identificando os problemas e diagnosticando o funcionamento do sistema de gestão da segurança e saúde na empresa.

II. Problema do estudo

A. Problema geral

Como é que o planeamento proposto de um Sistema de Gestão da Segurança e Saúde no Trabalho beneficiaria a empresa de saneamento SEDA-JULIACA de acordo com a norma OHSAS 18001?

B. Problemas específicos

---

[55] Morell González, Luisa María; Rosa Maricela Cedeño Zambrano e Sarai Ramírez Cruz. "Gestão sistémica dos riscos institucionais. Diagnóstico na Universidade Agrária de Havana e na Universidade Técnica de Manabí". *Cofin Habana*, vol. 13, n.º 1, 2019, pp. 1-10, disponível em [http://scielo.sld.cu/scielo.php?script=sci_arttext&pid=S2073-60612019000300016], p. 1.

- Como pode ser efectuado um diagnóstico detalhado da situação atual do SGSST da empresa SEDA-JULIACA?

- Que aspectos deve conter o Sistema de Gestão da Segurança e Saúde no Trabalho baseado na norma OHSAS 18001 proposto para a empresa SEDA-JULIACA?

- Deve ser desenvolvida uma matriz de identificação de perigos e de avaliação de riscos?

III Objectivos do estudo

A. Objetivo geral

Propor o planeamento de um Sistema de Gestão de Segurança e Saúde no Trabalho para a empresa de saneamento SEDA-JULIACA com base na norma internacional OHSAS 18001.

B. Objectivos específicos

- Diagnosticar a situação do SGSST da empresa de saneamento SEDA-JULIACA.

- Determinar quais os aspectos que o sistema de gestão da segurança e saúde no trabalho deve conter na empresa SEDA-JULIACA.

- Elaborar a Matriz de Identificação de Perigos e Avaliação de Riscos (HIRM).

IV. hipóteses de estudo

A. Hipótese geral

A proposta de planeamento de um SGSST baseado na norma OHSAS 18001 na empresa de saneamento SEDA-JULIACA irá melhorar o sistema de gestão da segurança e saúde no trabalho.

B. Hipóteses específicas

- Será efectuado um diagnóstico da situação do SGSST da empresa SEDA-JULIACA.

- Serão determinados os aspectos que devem ser incluídos no sistema de gestão da segurança e saúde no trabalho na empresa de saneamento SEDA-JULIACA.

- Será desenvolvida uma Matriz de Identificação de Perigos e Avaliação de Riscos (HIRM).

V. Justificação

Em primeira instância, considera-se que a proposta integra acções que contribuem para a resolução dos problemas diagnosticados e um conjunto de parâmetros que permitem a sua medição, controlo e monitorização. A determinação clara do processo por parte da gestão de topo da empresa SEDA-JULIACA é um elemento essencial para o seu desenvolvimento.

Por conseguinte, a realização de um diagnóstico do SGSST nesta empresa permitir-nos-á ter uma ideia do seguinte

— O estado do SGSST na empresa, a partir do qual se pode definir uma política correcta e os objectivos do sistema de segurança para permitir o desenvolvimento da implementação do SGSST.

— A identificação dos incidentes de risco que afectam a empresa, com o objetivo de os corrigir.

— Cumprir a regulamentação nacional em matéria de saúde e segurança no trabalho.

— Implementar o sistema com base na norma OHSAS 18001, de modo a que o pessoal da empresa possa participar facilmente no mesmo.

Além disso, a presente proposta permitirá reduzir o número de incidentes e de períodos não produtivos, comprometer a empresa a garantir a saúde e a segurança dos trabalhadores, reforçar os recursos num ambiente sustentável e acessível e contribuir para a gestão dos recursos humanos para o desenvolvimento da sociedade.

VI. Variáveis do estudo

As variáveis da hipótese são as seguintes:

- Variável independente: norma internacional OHSAS 18001.
- Variável dependente: planeamento de um sistema de gestão da saúde e segurança.
- Variável interveniente: diagnóstico de saúde e segurança do trabalho na SEDA-JULIACA.

VII. população e amostra

A população do estudo é composta por 175 trabalhadores que trabalham na empresa de saneamento SEDA JULIACA, dos quais 6 são funcionários públicos de confiança, 63 são trabalhadores efectivos (empregados e trabalhadores), 33 são trabalhadores contratados (empregados e trabalhadores) e 73 são trabalhadores temporários ou sem vínculo pessoal.

A amostra considerada para este estudo é constituída por 30 trabalhadores da estação de tratamento. [56]Foi selecionada uma amostra não probabilística, uma vez que depende de "causas relacionadas com as características da investigação, ou seja, a amostra obedece à importância da gestão de recursos".

Área de estudo

---

[56] Roberto Hernández-Sampieri e Christian Paulina Mendoza Torres. *Metodología de la investigación: las rutas cuantitativa, cualitativa y mixta*. Cidade do México, McGraw-Hill Interamericana Editores, 2018, p. 200.

Esta investigação foi realizada na empresa SEDA-JULIACA, especificamente na zona onde se encontra a estação de tratamento de água potável. Está localizada na cidade de Juliaca, província de San Román, departamento de Puno.

Figura 13. Visualização por satélite da empresa SEDA-JULIACA

Fonte: EPS SEDA-JULIACA. *Dados gerais da empresa*. Juliaca, Peru, EPES SEDA-JULIACA, 2023, disponível em [https://SEDA-JULIACA.com/datos-dela-empresa/].

Figura 14. Zona da estação de tratamento de água potável

Fonte: EPS SEDA-JULIACA. *Dados gerais da empresa*. Juliaca, cit.

VIII. tipo e objeto de estudo

Este estudo corresponde a uma abordagem qualitativa, de tipo descritivo-explicativo, uma vez que detalha situações, acontecimentos e factos particulares ocorridos. Os estudos descritivos procuram especificar as propriedades, as características e os perfis das pessoas e das comunidades, neste caso de uma organização objeto de análise. Enquanto os estudos aplicativos procuram assegurar que todos os pontos desenvolvidos na investigação são aplicados nas actividades realizadas.

IX. Técnicas e instrumentos de recolha de dados

Foi efectuada uma revisão bibliográfica dos regulamentos aplicados às empresas em matéria de saúde e segurança, bem como a verificação da documentação relativa à empresa em estudo. Para o efeito, foi realizado um diagnóstico preliminar da empresa SEDA-JULIACA e dos seus riscos.

Para além disso, foram realizadas entrevistas com funcionários da estação de tratamento da empresa.

X. Tratamento de dados: pré-diagnóstico da situação da empresa

A. Diagnóstico preliminar da empresa

Descrição da empresa

A empresa denominada EPS SEDA-JULIACA-S.A. é responsável pela prestação de serviços de água potável e de esgotos em Juliaca. A cidade está localizada a mais de 3.286 metros acima do nível do mar. [2]A zona urbana estende-se por uma área de aproximadamente 41 km e a topografia é plana, com um declive de 0,45 a 0,50 por metro.

Estação de tratamento

Juliaca tem uma fonte de abastecimento de água superficial que nasce no rio Coata, cujas águas são captadas no sector denominado Ayabacas. Até à data, o caudal de tratamento situa-se entre 300 L/s e 400 L/s. Dispõe de dois sistemas de tratamento: um convencional que trata 100 L/s, com um sedimentador grosso, um floculador horizontal tipo tela e três sedimentadores finos, além disso, o estado de conservação é regular devido às reformas efectuadas. O outro sistema é constituído por duas unidades compactas DEGREMON (manta de lamas), teoricamente projectadas para uma capacidade de 120 l/s cada.

Operações efectuadas na estação de tratamento

— *Captação.* É captada por bombagem a partir do rio Coata, através de cinco condutas de 10" e 14" de diâmetro, com uma capacidade estimada de 400 l/s. A água é recolhida diretamente em duas cisternas, cada uma instalada num poço de bombagem horizontal; em seguida, a água recolhida é bombeada para a estação de tratamento através de uma conduta de impulsão de 24" de diâmetro, a uma distância de 85m.

— *Sedimentação.* Tratamento que consiste na retenção de partículas grosseiras por decantação, que sedimentam pelo seu próprio peso ou gravidade.

— *Floculação.* $_{242}$Intervém na unidade de tratamento hidráulico dos crivos horizontais, a fim de efetuar uma agitação lenta para formar flocos, que é formada pela adição de um componente químico como o Al (SO)3.5H O.

— *Filtragem.* É filtrada por uma bateria de 10 filtros de areia, com uma capacidade de filtração de 300 L/s e um outro filtro de pressão de 35 L/s. Os filtros retêm as partículas em suspensão que passam pelo processo de sedimentação.

— *Desinfeção.* Existe um distribuidor de cloro de 500 Lb/24 horas.

— *Impulsão.* [3] Conta com três unidades de bombagem horizontais de 100 L/s cada e uma unidade vertical com um caudal de 50 L/s, que abastecem os reservatórios da cidade: Cerros Colorado e Santa Cruz, assim como Independencia; com uma capacidade de armazenamento de 10.745 m.

Serviço e distribuição de água potável

Esta empresa dispõe de mais de 400 km de rede de 2" a 24" de diâmetro, em tubos de ferro fundido, fibrocimento e PVC. [3]O serviço de água potável prestado à população é de 23.000 m por dia, com uma cobertura de 63% numa média de 5 horas por dia, com perdas estimadas em cerca de 30%.

Ligações domésticas

A empresa tem um total de 41 314 ligações de água potável, sendo a percentagem de micro-contagem bastante baixa.

Controlo de qualidade

Este laboratório especializado é utilizado para efetuar análises físico-químicas e bacteriológicas para garantir a qualidade da água potável fornecida aos utilizadores.

Esgotos para tratamento de águas residuais

[3]A câmara principal processa completamente as águas residuais dos habitantes, bombeando 12 000 m por dia (62% de cobertura). Além disso, foram instaladas sete câmaras auxiliares na zona.

A estação de tratamento de águas residuais está situada no sector sudoeste da cidade, no sector de Chilla. É constituída por oito lagoas de oxidação (facultativas primárias), que até à data não cumprem o seu objetivo devido à falta de tratamento e remoção de grandes quantidades de lamas sedimentadas. O efluente é constituído por um tubo AC de 21" de diâmetro, que desagua no rio Torococha.

Organização

A empresa de saneamento SEDA-JULIACA tem a seguinte estrutura:

1. Assembleia Geral de Accionistas

— Diretório

— Gestão geral

2) Organismos de controlo

— Gabinete de Controlo Institucional

— Organismos consultivos

— Gabinete de Planeamento

— Gabinete do Conselheiro Jurídico

— Gabinete de Imagem Corporativa

— Gabinete de TI

3. organismos de apoio

— Gestão administrativa

— Divisão de Contabilidade

— Divisão do Tesouro

— Divisão de Recursos Humanos

— Divisão de Aprovisionamento

4) Corpos de linha

— Gestão de engenharia

— Gestão de operações

— Gestão comercial

Figura 15. Organigrama geral da EPS SEDA-JULIACA S.A.

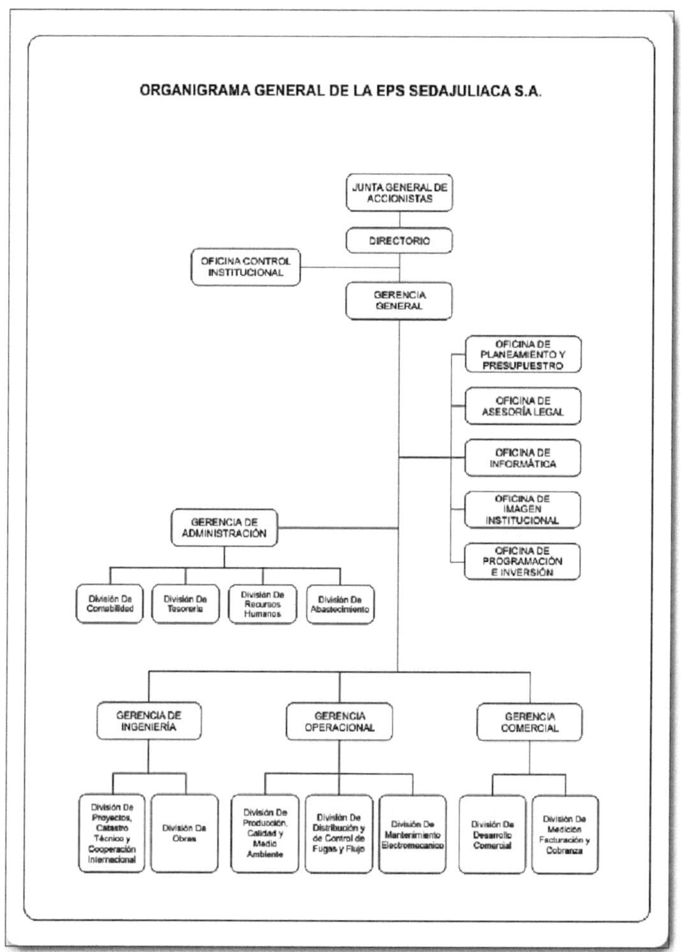

Fonte: EPS SEDA-JULIACA. *Dados gerais da empresa*, cit.

Apesar da vasta experiência da SEDA-JULIACA na prestação de serviços de água potável, bem como da capacidade da sua força de trabalho, não dispõe de qualquer sistema de gestão na sua organização, necessário para atingir os mais elevados padrões de saúde e segurança no trabalho.

[57]Por conseguinte, é importante que as empresas tenham em conta a Lei n.º 29783 , que regula os regulamentos internos no domínio da saúde e segurança no trabalho.

Princípios axiológicos

Cada empresa deve estabelecer os seus princípios axiológicos para uma convivência harmoniosa, a SADAJULIACA não é exceção, pelo que a sua gestão da qualidade contém vários valores, sendo estes do conhecimento de todos os seus trabalhadores:

— vocação de serviço, sendo o utente, foco do trabalho da empresa, a sua responsabilidade;
— respeito;
— disciplina, em termos de cumprimento integral dos procedimentos e parâmetros de produção estabelecidos;
— segurança no trabalho e
— respeito pelo ambiente.

Serviços prestados

A empresa de saneamento SEDA-JULIACA fornece água potável e serviços de esgotos a 199 800 habitantes da província de San Román, em Juliaca.

A empresa administra e gere os recursos económicos para cobrir os custos de exploração e manutenção, através da gestão comercial.

Tabela 5. Utilizadores da SEDA-JULIACA

Serviços	Utilizadores (ligações domésticas)	% de cobertura
Água potável	49 940	75.50%

[57] Congresso da República. *Lei de Segurança e Saúde no Trabalho*, cit.

Saneamento	50 925	77,10%

B. Riscos para a saúde e segurança no trabalho

São conhecidos como riscos de segurança aqueles em que há contacto com máquinas e infra-estruturas, bem como nos processos e procedimentos envolvidos, ligados às mesmas. Incluem-se aqui os riscos de origem mecânica (contacto com elementos móveis, cortantes, sob pressão, etc.), os riscos de origem eléctrica, os riscos de origem ergonómica (posturas, esforço excessivo, entre outros) e todos os que estão ligados aos processos e às máquinas e infra-estruturas.

— *Risco físico.* É o risco causado pela presença de agentes físicos. Estes podem ser: ruído, temperatura, pressões extremas, radiações, entre outros. É necessário que o pessoal responsável esteja familiarizado com estes agentes físicos e compreenda os seus potenciais efeitos nocivos. É de salientar que os efeitos nocivos dos agentes físicos podem ser sentidos de imediato ou após longos períodos de tempo.

— *Risco químico.* Trata-se do risco resultante da utilização de substâncias químicas susceptíveis de criar problemas de saúde graves se não forem utilizadas corretamente. Estas substâncias podem ser: poeiras, fibras, fumos metálicos, aerossóis, gases de cloro, vapores, etc.

— *Risco biológico.* Exposição a agentes biológicos que podem representar uma ameaça para os funcionários devido à possível exposição a agentes infecciosos. Os agentes que causam infecções incluem bactérias, vírus e, em menor grau, fungos e parasitas. Estes podem ser transmitidos por inalação, injeção, ingestão ou contacto com a pele.

— *Incêndio e explosão.* Devido à sua gravidade, este perigo foi considerado como um critério distinto dos outros riscos mencionados. Este perigo ocorre quando são utilizadas substâncias que geram gases ou vapores que, quando em contacto com substâncias combustíveis, podem causar incêndio ou explosão.

C. Corroboração do diagnóstico da empresa de saneamento segundo a norma OHSAS 18001

É necessário que a lista de corroboração do diagnóstico do estado atual da empresa SEDA-JULIACA cumpra a norma internacional OHSAS 18001; para o efeito, foram utilizadas as informações recolhidas na análise de documentos e nas entrevistas com o pessoal administrativo e operacional da empresa.

A norma OHSAS 18001 especifica os requisitos de um SGSST, cuja conceção requer os recursos disponíveis da organização que pretende obter a certificação. Esta conceção é feita através da definição de procedimentos e instruções específicos ao âmbito de ação da empresa.

Revisão da documentação

Da direção da empresa, foi evidenciada a existência de vários documentos, entre os quais

- Manual de Organização e Funções (MOF);
- Manual do equipamento;
- Manual de segurança;
- Procedimentos operacionais;
- Procedimentos de confidencialidade e segurança da informação;
- Formatos de trabalho;
- Registos (ficheiros do pessoal, medidas correctivas relativas a serviços não conformes).

É de salientar que os documentos encontrados não seguem as orientações estabelecidas pela norma OHSAS 18001, em termos de controlo de documentos e registos (EPS ILO S.A., 2020).

Entrevistas com o pessoal

Os resultados da entrevista com o pessoal envolvido na gestão das operações tiveram como objetivo corroborar o processamento atual da empresa e identificar os aspectos da regulamentação que são cumpridos.

Resultados da lista de controlo

A partir da recolha de informação, foram obtidos resultados parciais para cada requisito da norma OHSAS 18001 e a percentagem total de cumprimento.

Tabela 6. Pontuação estabelecida pela OHSAS 18001

Requisitos	Pontos reais	Total de pontos	Conformidade % Conformidade % Conformidade % Conformidade % Conformidade % Conformidade % Conformidade % Conformidade % Conformidade % Conformidade % Conformidade
4.1 Requisitos gerais		10	40
4.2 Política de SST	5		45
4.3 Planeamento			
4.4 Implementação e funcionamento			

4.5 Verificação	9		
4.6 Análise da gestão			43
Total	35		30%

Fonte: Associação Espanhola de Normalização e Certificação (Ed.). *OHSAS 18001:2007. Sistemas de gestão da segurança e saúde no trabalho - Requisitos*, cit.

O quadro 6 apresenta os resultados do grau de cumprimento de cada requisito da norma OHSAS 18001:2007, sendo o aspeto mais baixo o cumprimento do requisito *4.3: Planeamento*. Os aspectos mais elevados podem ser observados no cumprimento dos requisitos *4.2 Política de SST* e *4.1 Requisitos gerais*.

Figura 16. Cumprimento dos requisitos da OHSAS 18001.

Requisito	Cumprimento
Requisitos generales	40%
Política de SST	45%
Planificación	16%
Implementación y...	34%
Verificación	32%
Revisión por la dirección	43%

De acordo com a figura 16, verifica-se que o requisito *4.3 Planeamento* é o mais baixo, com um nível de cumprimento de 16%, onde são considerados o IPERC, os requisitos legais, os objectivos e os programas.

Para além da lista geral, verificou-se que o nível de cumprimento dos requisitos da norma aplicada na empresa de saneamento é de 30% (ver figura 17).

Figura 17. Representação gráfica da conformidade

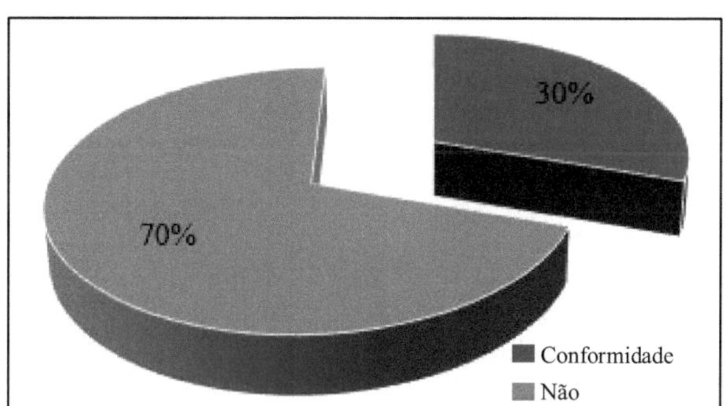

D. Critérios de aplicação da proposta

Tendo em conta a comparação da norma OHSAS 18001 com o D.S. 005-2012-TR, verifica-se que a categoria "Básica" inclui o cumprimento da Lei n.º 29783 e do seu regulamento D.S. 005-2012-TR.

Nesta comparação, verifica-se também que temas como *Disposições Gerais, Comité, Política, Planeamento, Desenvolvimento da SST*, entre outros, estão interligados. É o caso do requisito 4.3 da norma OHSAS 18001:2007, que é apresentado na tabela 7.

Tabela 7. Requisitos 4.3 da norma OHSAS 18001 em comparação com o regulamento D.S. 005-2012

	OHSAS 18001:2007	**Número do artigo.**	**Regulamento D.S. 005-2012**
4.3	**Planeamento**	76 a 78	Planeamento e execução OSHMS

4.3.1	Planeamento para identificação de perigos, avaliação de riscos e determinação de controlos	79 a 84 26 a 37	Planeamento e desenvolvimento Organização do SGSST
4.3.2	Requisitos legais e outros	23 a 24 25	Sistema de gestão da SST Política de SST
4.3.3	Objectivos e programas	79 a 84	Planeamento e desenvolvimento

Fonte: Associação Espanhola de Normalização e Certificação (Ed.). *OHSAS 18001:2007. Sistemas de gestão da segurança e saúde no trabalho - Requisitos*, cit.

De acordo com a OHSAS 18001, devem ser implementados os requisitos do SGSST, que se dividem nos elementos 4.1, 4.2, 4.3, 4.4, 4.5 e 4.6.

Os requisitos 4.1 e 4.2 estão relacionados com os requisitos gerais e a política de SST (ver quadro 8).

Mesa 8. Requisitos 4.1 e 4.2 da norma OHSAS 18001

	OHSAS 18001:2007	**Art.**	**Regulamento DS-005-2012**
	Requisitos do sistema de gestão da SST	38 a 73 74 a 75	O comité de SST ou o supervisor Regulamento interno
4.1	Requisitos gerais		
4.2	Política de SST	5 25	Política nacional de SST Política do sistema de gestão da SST

Fonte: Associação Espanhola de Normalização e Certificação (Ed.). *OHSAS 18001:2007. Sistemas de gestão da segurança e saúde no trabalho - Requisitos*, cit.

Por conseguinte, na primeira fase da proposta, devem ser estabelecidos os objectivos e, na segunda fase, que trata da aplicação do SGSST de acordo com a norma OHSAS 18001, são identificados os perigos, avaliados os riscos e especificadas as acções de controlo.

Neste sentido, é determinada a política, os objectivos, as metas e os programas de gestão, é dada continuidade ao controlo dos documentos e registos, é estruturado o "Manual SGSST", bem como a implementação e documentação dos procedimentos exigidos pela norma que demonstram o controlo do sistema para cada processo realizado na empresa.

Acções preliminares da empresa

Objetivo

O objetivo da empresa consiste em "fornecer água potável e serviços de saneamento de qualidade".

2. missão

Prestar um serviço de água potável e saneamento de qualidade e amigo do ambiente a nível local, com eficiência comercial, comunicação contínua, desenvolvimento tecnológico e sustentabilidade.

3. visão

Tornar-se uma empresa líder na região, fornecendo serviços de qualidade garantida.

4. O SGSST e os objectivos estratégicos

O planeamento estratégico é uma ferramenta muito útil para as empresas de hoje. Para ser sustentado e bem sucedido, requer uma competência que pode ser derivada do conhecimento da sua empresa.

Entre as suas vantagens, afirma-se que:

— Define a direção da empresa, os seus objectivos, prioridades, metas e estratégias.

— Tem um conhecimento rigoroso da realidade atual da empresa e do ambiente que a influencia.

— Enquadra a melhoria da qualidade num plano realista, objetivo e exequível.

— Permite envolver e sensibilizar todos os trabalhadores da empresa para os planos e objectivos definidos.

— Alinha as actividades e optimiza a utilização dos recursos em busca de uma maior eficiência e da realização dos objectivos. Uma parte importante do estabelecimento das oportunidades e ameaças existentes na organização é a realização de um diagnóstico interno que permita identificar os pontos fortes e fracos existentes e ver todo o ambiente de uma forma global.

Trata-se de uma análise que permite desenvolver capacidades e competências no seio de qualquer organização, bem como tomar as melhores decisões com base na análise SWOT. Esta análise deve ser efectuada com os representantes de cada área.

As funções estabelecidas para a saúde e segurança no trabalho devem ser incluídas no plano estratégico da empresa. Para além disso, o número de requisitos legais envolvidos aumenta com o passar dos anos.

O interesse das organizações em exigir um sistema de gestão aos seus fornecedores, bem como as expectativas crescentes dos trabalhadores relativamente a um ambiente de trabalho seguro, saudável e sem poluição. Para tal, é necessário estabelecer como objectivos a implementação dos requisitos de SST, proporcionar um ambiente de trabalho favorável e a formação necessária para o desenvolvimento de trabalhadores competentes, fornecer ferramentas suficientes e requisitos legais para implementar o SGSST e melhorar a utilização dos recursos.

Requisitos

1. determinar as necessidades das partes interessadas

Trata-se da incorporação de informações (expectativas e situações) das partes interessadas no processo do plano de implementação.

As normas impõem a conformidade com os requisitos e expectativas do governo e das entidades reguladoras.

2. identificação dos recursos jurídicos e regulamentares

O seu objetivo é estabelecer o procedimento para identificar, atualizar, aceder e controlar a conformidade com os regulamentos ou outros requisitos do SGSST.

Assim, para proceder a essa implementação, devem ser considerados os códigos de boas práticas de saúde e segurança empresarial e as políticas públicas relacionadas com as funções da SEDA-JULIACA.

3. Estabelecimento do SGSST

Uma vez que a empresa SEDA-JULIACA desenvolve actividades relacionadas com a estação de tratamento, a norma OHSAS 18001, a lei n.º 29783 e o decreto supremo DS-005-2012-TR aplicam-se a estes processos operacionais.

4. Definição do prazo de execução

É da responsabilidade dos quadros superiores comunicar e garantir que todos estão informados sobre a data de início do projeto.

De referir que, na elaboração do diagrama de Gantt sobre as actividades do projeto, no caso do SGSST, devem ser contempladas as actividades de conformidade com base nos pontos fracos evidenciados no diagnóstico inicial, para além do desenvolvimento e implementação do plano, revisão e melhoria do SGSST.

5. Processos no âmbito do SGSST

Existem determinados processos e operações na estação de tratamento de águas:

- Captação de água
- Limpeza da bacia hidrográfica, das bacias de decantação e dos filtros
- Manutenção de bombas eléctricas
- Bombagem de água tratada por meio de bombas eléctricas

— Controlo da qualidade da água

Esta empresa deve dispor de um manual que inclua todas as ocorrências na estação de tratamento, com o objetivo de fornecer dados sobre os processos, indicadores e formatos da SST na empresa. De igual modo, ter-se-á em conta o estipulado no D.S. 005-2012-TR para garantir que toda a informação necessária está devidamente documentada.

Compromisso da direção geral da SEDA-JULIACA

As acções concretas tomadas pela administração da empresa demonstram o empenho da empresa na segurança e saúde no ambiente de trabalho através de actividades específicas, tais como

- — Incorporar tópicos relacionados com a SST nas reuniões agendadas.
- — O chefe de obra ou o CSST verifica as condições de segurança e de saúde no trabalho.
- — A validação do SGSST é aplicada para garantir a integridade dos trabalhadores.

O processo de análise pela direção deve garantir que a informação é bem gerida e que permite a sua avaliação. Deve também incluir auditorias, análise estatística de acidentes, estado das acções correctivas e preventivas, bem como resultados de análises anteriores da gestão. A análise da revisão pela direção deve ser documentada.

A revisão deve integrar a necessidade de alterações ao sistema, incluindo a política e os objectivos (novos ou actualizados para uma melhoria contínua), e definir o plano de ação a seguir.

A empresa de saneamento SEDA-JULIACA, quando da apresentação das propostas e em harmonia com as disposições legais, deverá especificar os recursos que alocará para a implementação do SGSST.

[58]O artigo 26.º da Lei n.º 29783 estabelece que a liderança do SGSST é da responsabilidade da entidade patronal, que assume a liderança e o compromisso destas actividades na organização, incluindo: delegar as funções e a autoridade necessárias ao pessoal responsável pelo desenvolvimento, implementação e resultados do SGSST, que é responsável pelas suas acções perante a entidade patronal ou a autoridade competente.

Esta empresa demonstra igualmente conhecimento da regulamentação em matéria de SST em vigor no país, que deve ser aplicada.

Por conseguinte, esta empresa definiu um procedimento para identificar continuamente e ter acesso aos requisitos legais aplicáveis. A organização mantém esta informação actualizada no comité de SST.

E. Actividades desenvolvidas na empresa

Esta empresa esforça-se por cumprir as normas de segurança aplicadas às diferentes áreas de produção, tanto na estação de tratamento de águas residuais como nas redes, manutenção e escritórios (áreas de operações, comercial e engenharia).

Estação de tratamento

Dispõe de processos unitários cujo objectivo principal é a eliminação de sólidos (partículas e colóides). Recomenda-se que as empresas realizem pelo menos um controlo de turvação, pH e alumínio, sem ultrapassar os limites admissíveis prescritos pelas entidades correspondentes. Da mesma forma, são detalhados os processos efectuados em cada área:

— *Captação.* A água é recolhida por meio de bombas electrogénicas.
— *Sedimentação.* É quando as partículas grossas são retidas por decantação.

[58] Congresso da República. *Lei de Segurança e Saúde no Trabalho*, citada.

— *Floculação*. Unidade de tratamento hidráulico para crivos horizontais.

— *Filtragem*. São utilizados filtros de areia.

— *Desinfeção*. Está disponível um dispositivo de dosagem de cloro.

— *Bombagem*. Tem três unidades de bombagem horizontais de 100 L/s cada e uma unidade de bombagem vertical com um caudal de 50 L/s.

— *Reservatórios*. Possui seis unidades: Cerro Colorado (2), Santa Cruz (3) e Independencia (1). ^{3}A sua capacidade total de armazenamento é de 10 745 m .

As tarefas executadas nestas áreas requerem instruções de funcionamento para o manuseamento correto das máquinas EPPS e para a sua manutenção.

Figura 18. Limpeza da bacia hidrográfica nas margens do rio Coata no sector Ayabacas.

Esta operação requer a consideração dos seguintes parâmetros técnicos:

1. Retirar da zona de trabalho os objectos dispensáveis que impeçam a limpeza dos bancos.

2. Utilizar equipamento de proteção (capacete, luvas, etc.).
3. Utilize ancinhos para retirar objectos do banco.

Figura 19. Manutenção e limpeza das células hidráulicas e dos tanques de decantação

A manutenção das células hidráulicas e dos tanques de decantação é essencial, pelo que é necessária:

1. Verificar se as células e os decantadores apresentam fissuras.
2. Limpar com rodo, escova e jactos de água.
3. Remover objectos desnecessários e obstruções no espaço de trabalho.
4. Utilizar equipamento de proteção.
5. A plataforma de acesso seguro é utilizada para limpar as celas e os colonos.

Figura 20. Casa de força

Como se pode ver na figura 20, o equipamento de trabalho está protegido dos níveis de ruído no interior da zona do grupo gerador, uma vez que estes excedem o nível de referência. Esta operação requer a consideração dos manuais de controlo e limpeza.

Bombas eléctricas

No que diz respeito ao manuseamento e à limpeza das bombas eléctricas, é importante executar determinados procedimentos descritos abaixo:

— Não conduzir a uma velocidade superior à velocidade nominal.

— Evitar o contacto com equipamentos rotativos e instalar dispositivos de proteção nas bombas eléctricas.

— Fornecer através de processos adequados de manuseamento, instalação, funcionamento e manutenção do equipamento.

— É necessária uma lubrificação adequada da bomba para um funcionamento correto e a bomba deve ser instalada numa base segura para evitar vibrações.

— Se o nível de ruído exceder o nível padrão, use proteção auditiva.

Pisos (superfícies de trabalho) e corredores

O estado dos pavimentos no ambiente de trabalho também é relevante e, por conseguinte, é tido em conta:

- — Condições de ordem, limpeza e saneamento.
- — Manutenção de tubagens ou sistemas de drenagem.
- — Sem risco de queda.
- — Não há saliências como pedras, betão, etc. na superfície.
- — As fissuras devem ser tapadas ou protegidas.

Ferramentas manuais e eléctricas portáteis

As ferramentas ou outros artigos utilizados são também de grande importância, pelo que é necessário dispor de um armazenamento adequado, manter as ferramentas, os cabos eléctricos, a ligação à terra e o duplo isolamento em bom estado e operacionais, bem como formar o pessoal para verificar o estado geral deste equipamento e para o manter em bom funcionamento.

Armazém

Para manter este espaço funcional, há que ter em atenção:

— A ordem e a limpeza do armazém.
— Zonas de acesso e de transição sem obstáculos.
— Para a carga e descarga de mercadorias e matérias-primas, o veículo deve parar o motor e bloquear as rodas por meio de um calço e do travão de mão.
— Inspecionar regularmente as prateleiras da loja e substituir os produtos defeituosos.
— Usar luvas e botas de proteção.
— Não utilizar objectos com peso superior a 25 kg para os homens e 15 kg para as mulheres. Nestas circunstâncias, peça sempre ajuda a um colega.
— Ao levantar um objeto, agache-se, dobre as pernas para levantar o objeto, mantenha as costas direitas, agarre o objeto com firmeza e segure-o o mais próximo possível do seu corpo. Não rodar as ancas nem levantar a carga acima dos ombros.
— Usar vestuário de trabalho adequado.
— Quando utilizar um computador, sente-se com as costas direitas e os braços perpendiculares à mesa.
— Posicione o monitor de modo a que a parte superior do ecrã fique alinhada aproximadamente ao nível dos olhos e evite os reflexos da luz e das janelas.

Zonas de circulação

A manutenção desta zona exige o cumprimento de determinadas directrizes:

— Limpar os pavimentos e colocar sinais que alertem para os riscos de escorregamento.
— Os corredores devem ser mantidos limpos e livres de obstruções em todas as circunstâncias.
— Não utilizar as duas mãos ao subir ou descer escadas. É importante que uma mão esteja livre para se agarrar ao corrimão.
— Se for necessário deslocar vários produtos, deve haver uma boa visibilidade dos produtos na parte superior e em ambos os lados quando se segura com os braços.
— Instalar sinais de saída de emergência.
— Marcar as portas de vidro com uma faixa reflectora, que deve ser colocada a toda a largura da porta a 1,40 m do chão.

Iluminação

É essencial que vários pontos sejam considerados:

— As zonas de trânsito e de trabalho devem ser adequadamente iluminadas.
— Os corredores, as escadas e os escritórios necessitam de iluminação permanente.
— Evitar a fadiga ocular.
— Deve ser instalada iluminação de emergência em todos os percursos.

Mobiliário geral

Todos os móveis devem obedecer a determinados parâmetros:

- — Utilizar cadeiras confortáveis, bem ajustadas, reguláveis em altura e, se possível, estáveis e giratórias.
- — Tenha uma secretária confortável e toalhas de mesa de plástico duradouras.
- — Não colocar caixas, papéis ou outros objectos pesados em cima de armários, mesas ou prateleiras de arquivo, pois podem cair sobre qualquer pessoa.
- — Fechar as gavetas dos móveis.
- — Os electrodomésticos pesados ou as prateleiras são colocados junto às paredes.

Registos eléctricos

No que respeita a este aspeto, é estabelecido que:

- — As reparações eléctricas só devem ser efectuadas por pessoal autorizado e formado.
- — Inspecionar as ligações eléctricas no escritório para detetar fios e fichas gastos ou cabos que restrinjam o movimento dos empregados.
- — Evitar que os cabos sejam encaminhados através das áreas de circulação dos funcionários.
- — Quando desligar a ficha, certifique-se de que segura a ficha em vez de puxar o cabo.

Sinalética e etiquetas

A remoção arbitrária de sinais de aviso ou rótulos é proibida e pode resultar em multas e possível repreensão, suspensão ou despedimento, dependendo da gravidade da infração.

Os trabalhos que envolvem riscos elevados, como alturas, multidões, máquinas de alta tensão, envenenamento por gás e poluição ambiental, devem ser assinalados com sinais de aviso e de perigo.

Do mesmo modo, são necessários sinais de evacuação de emergência e zonas de segurança em todos os espaços. A sinalização adequada requer a utilização de códigos de cores e símbolos nacionais estabelecidos (INACAL, 2016).

É por isso que esta empresa deve ter:

— Sinais de perigo em zonas de perigo iminente.

— Todos os equipamentos defeituosos devem ser marcados com uma etiqueta.

— Os sinais coloridos indicam determinadas condições: perigo iminente (cor vermelha), em modificação (cor laranja), zona de mudança (cor amarela), segurança e primeiros socorros (cor verde), informações gerais (cor azul).

— Rotulagem de contentores e transportes de substâncias nocivas.

Iluminação

Se a luz natural for insuficiente, é instalada iluminação artificial nas zonas de trabalho e no resto dos espaços da empresa. A luz artificial é uniforme, de intensidade contínua e suficiente para realizar as funções com tranquilidade: enquanto a luz natural entra através de clarabóias, janelas ou paredes feitas de materiais transmissores de luz para garantir uma iluminação homogénea.

Produtos químicos e combustíveis

É importante que todo o pessoal da empresa disponha de uma proteção adequada para o desempenho das suas funções, especialmente quando trabalha com gases tóxicos (como o cloro gasoso), exposições a compostos químicos. Além disso, o reservatório deve estar equipado com uma válvula de segurança contra a pressão, apoiado e protegido contra a corrosão. É também essencial que controle a temperatura dos materiais, a fim de evitar a ebulição.

Figura 21. Agentes químicos perigosos

Laboratorio	Sulfato de Aluminio	Tanques de Cloro	Dosificadores

Fonte: EPS SEDA-JULIACA. *Dados gerais da empresa*, cit.

Figura 22. Mapa de sinalização de risco na empresa SEDA-JULIACA.

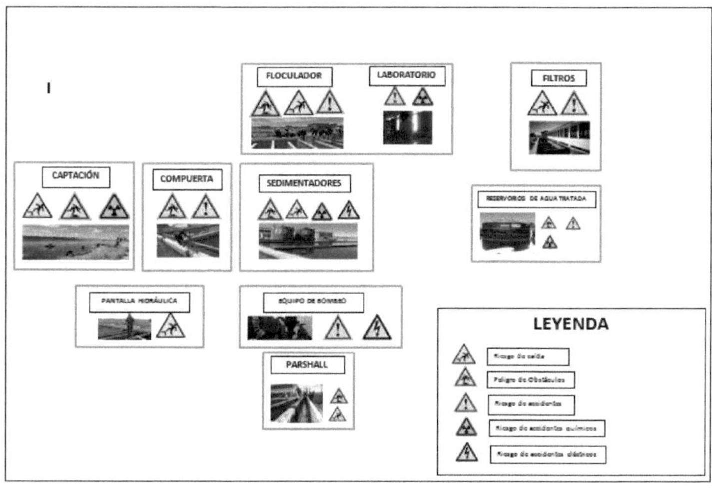

Fonte: EPS SEDA-JULIACA. *Dados gerais da empresa*, cit.

Riscos específicos

A empresa tem em conta que a gestão adequada dos riscos está subjacente aos planos operacionais. A este respeito, são descritas algumas medidas de impacto a considerar em caso de inundações:

— O leito do rio Coata está erodido.

— Transbordo gerado a partir do ponto de captação de água para a estação de tratamento.

— Desenvolvimento de redes de captação de água (redes de recolha) para instalações de tratamento de águas residuais.

— O impacto é gerado de janeiro a março.

Em caso de situação de seca, o impacto é o seguinte:

— O caudal do rio Coata é reduzido.

— Diminuição do pessoal devido à redução da produção.

— Como algumas máquinas funcionam de forma intermitente, os sedimentos acumulam-se no interior das condutas e, consequentemente, a qualidade da água deteriora-se.

Riscos eléctricos

Os materiais utilizados em todos os equipamentos eléctricos serão escolhidos de acordo com a tensão, a carga e outras condições, desde que cumpram o estabelecido nos regulamentos eléctricos peruanos (MINEM, 2006).

Cada cabo deve ser adequadamente isolado e firmemente fixado à calha com uma via de evacuação em cada extremidade, se as vias estiverem localizadas à superfície ou no subsolo.

Os quadros de distribuição com condutores expostos e correntes alternadas ou de terra superiores a 50 volts devem ser protegidos com barreiras adequadas, acessíveis apenas a pessoal autorizado.

Do mesmo modo, quando se repara uma máquina, devem ser tomadas precauções de segurança, como a remoção de fusíveis e a utilização de sistemas de *bloqueio* para impedir que outras pessoas activem a máquina enquanto esta estiver a ser utilizada.

Os trabalhadores que reparam equipamento elétrico necessitam de formação para trabalhar com tensão.

Para além disso, são necessárias luvas de couro e sapatos isolados sem partes metálicas. Além disso, são utilizados postos de trabalho separados, como plataformas ou pisos divididos.

Por último, todos os trabalhadores que exerçam funções de eletricista devem ter formação em reanimação cardiopulmonar ou em primeiros socorros em caso de *choque* elétrico.

Risco de queda

A dinâmica da queda devido à gravidade, e o objeto "em queda" apresenta uma aceleração favorável e aumenta a sua velocidade até parar devido a uma força externa. Em suma, estas dinâmicas ocorrem durante as fases de queda livre, aceleração e paragem.

Por conseguinte, os sistemas que previnem as quedas incluem: elevadores do tipo balde para modificações na iluminação pública e elevadores de tesoura, plataformas de roldanas, sistemas de elevação com diferentes tipos de guinchos (eléctricos, pneumáticos e manuais) e com trilhos de escada eléctricos.

Riscos químicos

[59]De acordo com Del Pezo , a exposição humana a gases tóxicos (gás cloro, gás venenoso) é considerada um perigo iminente. Se um trabalhador inalar uma concentração dessa substância superior a 1000 ppm, pode causar a morte. Tem também outro tipo de impacto nos pulmões do trabalhador, provocando doenças como a bronquite crónica.

Da mesma forma, se o trabalhador utilizar sulfato de alumínio, pode desenvolver vários sintomas, tais como

— Irritação dos olhos, do trato gastrointestinal e da pele devido a exposição de curta duração a este produto químico.

— Perturbação do sistema nervoso central devido a exposição prolongada a este produto químico.

Investigação e análise de incidentes e acidentes

---

[59] Otto Gabriel Del Pezo De la Cruz. "Modelo de gestión de seguridad y salud ocupacional para la empresa de agua potable, aguas de Península - Aguapen S. A." (Tese de mestrado). Equador, Universidad Politécnica Salesiana, 2013, disponível em [https://dspace.ups.edu.ec/handle/123456789/4829].

Sempre que ocorre um incidente ou acidente de trabalho, a maioria dos problemas é causada por uma variedade de razões; é raro que resultem de uma única e mesma razão. [60]Por conseguinte, é importante identificar a causa principal do problema, a fim de evitar que o incidente se repita.

O resultado de qualquer investigação é, portanto, um relato detalhado do que aconteceu, o reconhecimento da origem de um acidente, a identificação dos riscos, a abordagem e a execução, o sistema de controlo e a demonstração de interesse.

1. Inventário das obras

Em primeiro lugar, é criada uma lista de actividades essenciais para todo o pessoal envolvido numa tarefa específica. Neste caso, há operadores nas instalações, no equipamento de bombagem, na manutenção do equipamento de bombagem, na limpeza das células hidráulicas, na instalação de água e esgotos e na manutenção das redes.

Cada função é então dividida em actividades, de modo a que seja possível examinar cada atividade e indicar o seu grau de importância ou irrelevância. Isto é feito pelos supervisores em grupo. As principais tarefas dos operadores na estação de tratamento são:

— Executar bombas de captação e drenagem de água e respectiva manutenção.
— Efetuar o funcionamento das células hidráulicas e dos tanques de decantação.
— Proceder à manutenção e limpeza dos filtros convencionais.
— Limpar cada espaço de trabalho.
— Executar as funções de limpeza nas redes de esgotos.

2. Identificação dos postos de trabalho críticos

---

[60] CONICYT. *Manual de normas: biossegurança e riscos associados*. Chile, Fondecyt-CONICYT, 2018.

As actividades com um historial de perdas, através de ferimentos pessoais, danos materiais ou diminuição da qualidade do produto, são classificadas de acordo com a sua criticidade.

Uma vez que este programa é preditivo e não reativo, a integração de possíveis perdas na tarefa é essencial, mesmo que existam dados históricos sobre esta matéria. Para o efeito, é necessário colocar uma série de questões:

— Esta tarefa, se não for executada corretamente, pode provocar um prejuízo grave durante a sua execução?
— Esta tarefa, se não for executada corretamente, pode resultar num prejuízo grave após a sua realização?
— Qual a gravidade da perda (Qual a gravidade das lesões)?
— Com que frequência se prevê que isto aconteça?

A regularidade da ocorrência é especificada por uma série de factores, sendo os mais importantes os seguintes

— O número de vezes que uma tarefa é executada durante um período de tempo (repetição).
— É possível que seja gerada uma perda depois de a atividade ser implementada (perda provável).

É essencial notar que existem diferentes graus de importância e que qualquer tarefa que valha a pena executar é, de facto, importante até certo ponto. Neste sentido, pode ser desenvolvida uma escala de criticidade para o sistema.

3. Trabalho em altura

A utilização de cintos de segurança é obrigatória quando se trabalha a partir de uma altura de 1,80 m, devido ao risco de queda livre ou a outros inconvenientes acima referidos.

Além disso, os trabalhadores que trabalham em altura devem receber formação especial sobre a utilização de cintos de segurança e arneses para evitar uma instalação incorrecta.

4. Resposta de emergência

Todas as instalações, operações e actividades realizadas na empresa SEDA-JULIACA no seu ambiente são tecnicamente qualificadas como de "risco moderado" e, apesar da ocorrência de uma situação de emergência, não podem ser controladas pelos próprios funcionários da empresa e requerem recursos internos. Por isso, as suas qualidades e impactos devem ser geridos num quadro organizacional que facilite uma resposta eficiente.

5. Plano de emergência

É da maior importância que este plano seja implementado em cada área para preparar e minimizar os danos durante uma emergência.

Este plano requer uma pessoa responsável pela sua implementação, avaliação e divulgação, bem como pela formação das diferentes brigadas de emergência.

A fim de assegurar a formação dos trabalhadores, são organizados exercícios tendo em conta a não interrupção das operações na estação de tratamento.

Este plano constitui igualmente uma mais-valia em termos de segurança em caso de emergência e deve ser elaborado com normas suficientes para ser respeitado e permitir a avaliação dos seus resultados de forma flexível e eficaz. Do mesmo modo, estes procedimentos devem ser tidos em conta:

— Planear as vias de evacuação em situações de emergência.
— São efectuados salvamentos de trabalhadores e supervisões médicas.
— Lista dos nomes dos contactos de emergência do pessoal, incluindo endereço e números de telefone.

As situações de emergência que requerem cobertura incluem explosões, incêndios, inundações, terramotos, danos pessoais, etc.

É importante esclarecer que os números de telefone devem ser afixados sem restrições nas principais salas de segurança, escritórios e áreas onde se encontra um grande número de empregados.

6. Kit de primeiros socorros

Os kits de primeiros socorros são fornecidos com medicamentos e outros artigos essenciais, cujo tipo e disponibilidade serão especificados caso a caso. Do mesmo modo, o pessoal de emergência receberá formação para assegurar uma resposta rápida e eficaz.

As situações de emergência recorrentes nas empresas analisadas incluem inundações, incêndios, terramotos (podem exigir a evacuação do pessoal de forma adequada e eficaz).

Este plano de emergência é eficaz porque garante que o pessoal está familiarizado com as instalações e os procedimentos de evacuação adequados. As ferramentas utilizadas para comunicar estes procedimentos incluem planos de evacuação e sinalética.

7. Não-conformidades, incidentes, acidentes e doenças profissionais

Os acidentes, incidentes e doenças profissionais devem ser comunicados à pessoa responsável pela área de recursos humanos, incluindo a pessoa lesada, um colega próximo ou um supervisor imediato.

Os serviços de emergência são responsáveis pelo transporte das pessoas para o hospital mais próximo para tratamento.

Os acidentes devem ser comunicados ao presidente da SST e ao supervisor imediato através do assistente de RH no prazo de 24 horas. Deve entender-se que este assistente de RH é também responsável pela documentação dos relatórios, pela investigação das causas e pela aplicação de medidas correctivas e preventivas.

O supervisor imediato é responsável por investigar o acidente, determinar as causas e tomar medidas correctivas ou preventivas no prazo de cinco dias.

Entretanto, o presidente da SST é responsável pela formação das partes interessadas em matéria de comunicação, investigação do motivo e aplicação de contramedidas. O comité, juntamente com os funcionários da SST, é responsável pelo inquérito sobre o acidente que envolve morte ou incapacidade. Além disso, os acidentes com resultados tão trágicos são comunicados ao Ministério do Trabalho na respectiva sede.

Auditorias internas

A empresa deve aplicar um método de avaliação interna da SST para determinar se está em conformidade com as normas e os requisitos de um sistema de gestão determinado na empresa ou exigido por regulamentos legais.

De acordo com a norma OHSAS 18001, as organizações devem planear auditorias internas para monitorizar o cumprimento e avaliar a eficácia do seu SGSST. Acrescente-se que a avaliação deve ter um calendário baseado na importância e no contexto do processo a auditar. As deficiências identificadas durante uma auditoria devem ser corrigidas em tempo útil. Estas normas exigem um processo de auditoria eficaz, conduzido por pessoal competente, utilizando um procedimento definido (ver figura 23).

Figura 23. Melhoria contínua

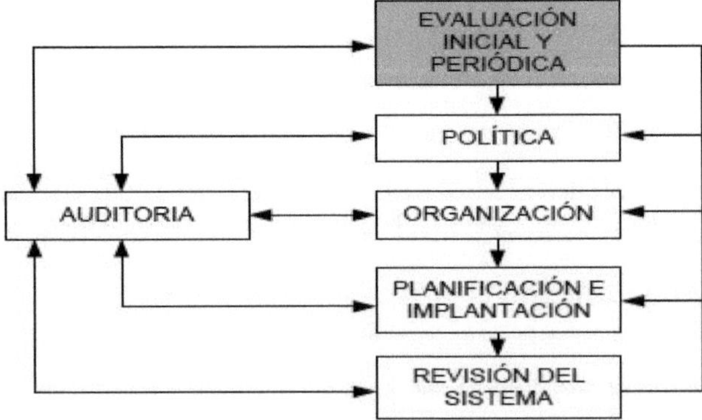

Fonte: Associação Espanhola de Normalização e Certificação (Ed.). *OHSAS 18001:2007. Sistemas de gestão da segurança e saúde no trabalho - Requisitos*, cit.

Figura 24. O processo de auditoria

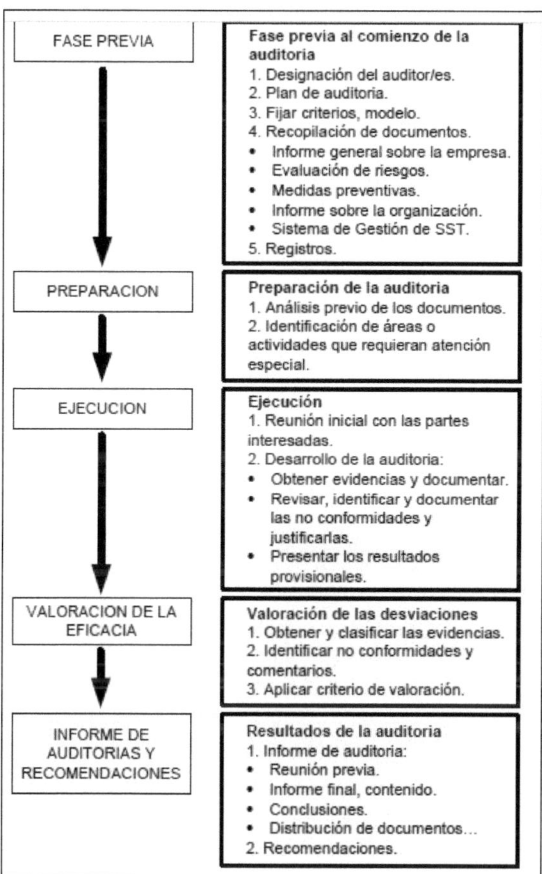

Fonte: Associação Espanhola de Normalização e Certificação (Ed.). *OHSAS 18001:2007. Sistemas de gestão da segurança e saúde no trabalho - Requisitos*, cit.

XI. Análise e interpretação dos resultados

A. Diagnóstico inicial

Foram analisados os riscos físicos, químicos, biológicos, ergonómicos e psicossociais das operações.

Os resultados mostram o nível de conformidade por cláusulas da norma OHSAS 18001 na empresa SEDA-JULIACA.

No final da aplicação dos instrumentos de recolha de dados, obteve-se uma pontuação para cada requisito da Norma OHSAS 18001; o total é de 30% de conformidade e 70% de não conformidade, pelo que devem ser tomadas medidas na proposta do SGSST.

Neste sentido, são apresentados os requisitos da norma OHSAS 18001, de acordo com as suas não conformidades.

Requisitos gerais

Os elementos de prova são os seguintes:

- A melhoria contínua não é praticada.
- A empatia entre trabalhadores e empregadores não é promovida.
- Falta de mecanismos para reforçar o feedback entre trabalhadores e empregadores.
- Não existem mecanismos para reconhecer o pessoal que é proactivo na melhoria contínua.
- Não são utilizadas metodologias de melhoria contínua.

Política de SST

Os elementos de prova são os seguintes:

- Não existe uma política de SST documentada.
- As decisões não são tomadas com base em auditorias.

— O empregador não assume a liderança em matéria de SST.

— O empregador não está empenhado na gestão da SST.

— Não existe um orçamento adequado.

— Os requisitos de SST para cada posto de trabalho não foram definidos.

Tabela 9. Princípios da empresa

Directrizes	**Indicador**			**Conformidade**
I. Compromisso	**Envolvimento**	**Sim**	**Não**	**Observações**
	O empregador está empenhado na segurança e saúde no trabalho.	X		
Princípios	A coerência é alcançada entre o que é planeado e o que é executado.		X	
	A melhoria contínua é praticada		X	
	Melhora a autoestima e promove o trabalho em equipa.	X		
	É fomentada uma cultura proactiva de prevenção de riscos	X		
	A empatia do empregador para com o trabalhador ou vice-versa é encorajada.		X	

	Existem mecanismos para reconhecer o pessoal que é proactivo na melhoria contínua.		X	
	É mantida uma avaliação dos principais riscos que geram mais perdas.	X		
	É utilizada uma metodologia de melhoria contínua.		X	
	A participação dos sindicatos, cujos representantes tomam parte nas decisões em matéria de segurança e saúde no trabalho, é incentivada.		X	

Planeamento

As provas são:

— Não existe uma avaliação inicial da SST.

— Não existe um planeamento da SST.

— Não existem procedimentos para identificar os perigos e avaliar os riscos.

— Não existem objectivos de SST.

— Não existem medidas preventivas.

Implementação e funcionamento

É evidente que:

— A entidade patronal não prevê que a exposição a agentes físicos possa causar danos ao trabalhador.

— O empregador não transmite informações aos trabalhadores sobre SST.

— O programa de SST não é revisto.

— Os cursos de SST não estão documentados.

— Não existem planos e procedimentos para lidar com incidentes e situações de emergência.

— Os incidentes e acidentes não são comunicados.

Verificação

É evidente o seguinte:

— Não existe controlo da SST.

— Os exames médicos não são tidos em conta para efeitos de medidas correctivas.

— Não são efectuados inquéritos sobre acidentes de trabalho.

— Não são tomadas medidas correctivas e preventivas.

— As operações e actividades que estão associadas a um risco não foram identificadas.

— Não existem procedimentos de controlo.

Análise da gestão

Esta prova é apresentada:

— A direção não procede regularmente à revisão e análise do SGSST.

— Não existem provas de revisão ou de auditorias para que a gestão atinja os objectivos pretendidos.

— Não existem provas de uma análise do desempenho do SGSST (ver quadro 10).

Mesa 10. Análise da gestão

VII. análise da gestão			Si m	Não
	Quadros superiores: Rever e analisar periodicamente o sistema de gestão para garantir a sua adequação e eficácia.		X	
Medição	As disposições adoptadas pela direção para a melhoria contínua do sistema de gestão da segurança e saúde no trabalho devem ter em conta • Os objectivos da empresa em matéria de saúde e segurança no trabalho. • Os resultados da identificação dos perigos e da avaliação dos riscos. • Os resultados da identificação dos perigos e da avaliação dos riscos. • Os resultados do controlo e da medição da eficácia. • Investigação de acidentes, doenças e incidentes relacionados com o trabalho. • Os resultados e as recomendações das auditorias e avaliações efectuadas pela direção da empresa. • As recomendações do comité de segurança e saúde, do supervisor de segurança e saúde ou do supervisor de segurança • Alterações na regulamentação jurídica.		X	

	• Os resultados do programa de proteção e promoção da saúde. A metodologia de melhoria contínua considera: • Identificação de desvios em relação às práticas e condições de segurança aceites. • O estabelecimento de normas de segurança. • Medição e avaliação periódicas do desempenho em relação às normas. • A correção e o reconhecimento do desempenho.			
Gestão da melhoria contínua	A investigação e as auditorias permitem à gestão da empresa atingir os objectivos pretendidos e determinar alterações na política e nos objectivos do sistema de gestão, se necessário.		X	
	A investigação de acidentes, doenças e incidentes deve identificar: • Causas imediatas (actos e condições não conformes com as normas). • As causas imediatas (factores pessoais e factores profissionais). • Deficiência do sistema de gestão da segurança e saúde, para o planeamento da ação correctiva relevante.	x		
	A entidade patronal alterou as medidas de prevenção dos riscos profissionais quando			

	estas são inadequadas e insuficientes para garantir a segurança e a saúde dos trabalhadores.		X	

B. Aspectos estabelecidos do sistema de gestão da saúde e segurança da empresa

Os aspectos a incluir num sistema de gestão da SST incluem: IPERC; plano anual de SST; planeamento de reuniões, inspecções, limpeza, formação e auditorias; manutenção de máquinas e auditorias; e regulamentos internos de saúde e segurança no trabalho.

1. identificação de perigos e avaliação de riscos (IPERC)

Para identificar os riscos, a empresa deve especificar procedimentos para reconhecer os perigos presentes, avaliar os riscos e determinar as medidas de controlo necessárias (ver quadro 11).

A incluir:

- Actividades de rotina e não rotineiras
- Actividades do pessoal que acede às instalações da estação de tratamento.

Legenda do quadro 11

Exp. = Número de expostos

TD Exp = Tempo de exposição

F = fonte

M = médio

I = Individual

C = consequências

E = Exposição

GP = grau de perigo

INT. 1 = Interpretação GP

PF = factores de ponderação

GR = grau de impacto

INT. 2 = interpolação GP

P = Probabilidade

Mesa 11. Diagnóstico das condições de trabalho na Estação de Tratamento

Processo	Funcionamento	Fator de risco	Origem do risco	Efeitos possíveis	# de Exp.	Tempo de exposição (horas)	Controlo atual			avaliação									Observações
							f	m	i	C	P	E	GP	INT 1	PF	GR	INT 2		
Tratamento de **água**	Coagulação	Físico	Módulo de tratamento	Entrega		1			x	10	1			sob	1		sob		Falta de gradeamento
	Sedimentação	Físico	decantadores	Entrega	5				x	10	1			sob	1		sob		Sem corrimões
		Químico	decantadores	Gases em suspensão					x	1			42	sob	1	42	sob		Emissões de gases
	Filtragem	Físico	Poços de filtração	Entrega		1		x		10	1			sob	1		sob		Sem corrimões
	Cloragem	Químico	Sala de dosagem	Inalação de gás		1		x					252	sob	1	252	sob		Odor a cloro
	Armazenamento	Físico	reservatórios	Entrega	1				X	1			42	sob	1	42	sob		Sem corrimões

Fonte: EPS SEDA-JULIACA. *Dados gerais da empresa*, cit.

Mesa 12. Matriz de identificação de perigos, avaliação de riscos e avaliação de riscos (IPERC)

ÁREA	TAREFA OU ACTIVIDADE	PERIGO	RISCO	TIPO DE ACTIVIDADE	CONTROLO EXISTENTE	TAXA DE PESSOAS EXPOSTAS (IE)	ÍNDICE DE EXPOSIÇÃO AO RISCO (IF)	TAXA DE FORMAÇÃO (ICE)	ÍNDICE PROCESSUAL EXISTENTE (IPT)	ÍNDICE DE PROBABILIDADE IP=IE+IF+IC+IPT+IPT	ÍNDICE DE GRAVIDADE (IS)	MAGNITUDE DO RISCO PROFISSIONAL IML=IPXIS	MEDIDAS DE CONTROLO A APLICAR
	Bacia hidrográfica do rio Coata	Represamento do rio durante a estação das chuvas	Cair no rio	Não rotineiro	Sinalética								Sinalização, comunicar inundação do rio, não se aproximar da margem do rio.
	A água é bombeada para a estação de tratamento por meio de bombas eléctricas.	Equipamento sem proteção	Choque elétrico, aprisionamento							10			Sinalização para avisar da existência de equipamento em movimento e para colocar protecções.

PISO	Manutenção e limpeza do crivo hidráulico	Queda para o crivo hidráulico	Acertos	Rotina	Sinalética					8			Sinalização de aviso e utilização de capacete, botas e vestuário impermeável
	Limpeza dos tanques de decantação	Escorregamento ou queda	Acertos	Não rotineiro	sinalização							18	Sinais de aviso para utilização do capacete e das botas
	Mudança do depósito de gás cloro para o doseador	Fuga de gás	Inalação de gás	Não rotineiro	sinalização					8			Sinais de aviso que alertam para a utilização de máscaras e para a fixação da bola durante a transição.
Redes de distribuição	Roturas e fugas nas condutas de água e na rede de distribuição de água potável	Fugas de Aniego Inundações nas vias públicas	Acidente de viação	Não rotineiro	Sinalética		1			8			Sinalização, programas de controlo de fugas de água

	Corte ou rutura mecânica do pavimento	Equipamento inadequado	Golpes de lesão	Rotina	Sinalética		1			8			Colocar placas, portões e fitas com avisos de não transitar, uso de macacão, capacete, botas e luvas.
Redes de distribuição	Fugas	Subsidência do pavimento	Cataratas	Rotina	Sinalética					10			Colocar sinais na zona de trabalho e usar capacete, fato de trabalho, luvas e botas.

Fonte: Ministério do Trabalho e Promoção do Emprego. *Aprovação dos modelos de referência que incluem a informação mínima a constar dos registos obrigatórios do Sistema de Gestão da Segurança e Saúde no Trabalho*. Resolução Ministerial nº 050-2013-TR de 14-03-2013. Lima, Peru, MTPE, 2013, disponível em [https://www.gob.pe/institucion/mtpe/normas-legales/288031-050-2013-tr].

2. Programa anual de SST para a empresa de saneamento

O programa identifica os prazos e as metas a atingir no âmbito do objetivo da proposta de planeamento, incluindo exercícios, inspecções, formação, manutenção do equipamento e admissão de novos trabalhadores.

3. Programa de formação

Com base na regulamentação em matéria de SST, foi tida em conta a avaliação dos riscos e foi criado um programa anual de formação em matéria de SST, adaptado às exigências de cada atividade desenvolvida na empresa, à descrição das funções e às necessidades técnicas, incluindo cursos externos. A Direção de Segurança é responsável pela sua elaboração, cumprimento e avaliação, em coordenação com os responsáveis das diferentes áreas, tendo em conta as orientações definidas. Na norma SSMAT-P03.03 "Formação", são considerados os seguintes aspectos:

— deteção das necessidades de formação;

— programação dos temas de formação;

— sensibilização

— e formação durante o dia de trabalho;

Note-se que os registos de formação são mantidos pela pessoa responsável pela formação e por cada área.

Mesa 13. Actividades relacionadas com os riscos críticos

ITEM	RISCOS CRÍTICOS	OPERAÇÕES / ACTIVIDADES CONEXAS
1	Eletrocussão	Instalação eléctrica principal e casa de força
	Atropelamento e fuga	Transporte de material e nivelamento de pisos com trator, manutenção de carrinhas, transporte de pessoal, transporte de combustível.
	Queda de pessoas	Construção e reparação de fendas de decantadores, manutenção e reparação de equipamentos e instalações eléctricas. Actividades de escavação.
	Gaseificação	Actividades de manutenção e limpeza de tanques de cloro e de combustível.
5	Lesões da vista	Processo de manutenção de grupos electrogéneos ou bombas.
	Dor lombar	Processo de manutenção e reparação de equipamentos. Transferência manual de materiais em armazéns.
	Trituração	Processo de manutenção de bombas ou veículos
8	Cortar	Cortes devidos ao mau manuseamento de objectos com arestas vivas ou pontiagudas, em processos de manutenção, soldadura, obras de construção civil, transferência de materiais.
	Lesões auditivas	Funcionamento de compressores, geradores de centrais eléctricas, perfuração

	induzidas pelo ruído	
10	Doenças respiratórias devidas à exposição a poeiras	Transporte de materiais, perfuração, terraplanagem, estradas de acesso:

Fonte: Ministério do Trabalho e Promoção do Emprego. *Aprovação dos modelos de referência que contemplam a informação mínima a constar dos registos obrigatórios do Sistema de Gestão da Segurança e Saúde no Trabalho*, cit.

Mesa 14. Inspecções

TIPO	FREQUÊNCIA	LOCALIZAÇÃO	REALIZADO POR	RESPONSÁVEL PELA APLICAÇÃO DAS RECOMENDAÇÕES	PROCEDIMENTO DE COMUNICAÇÃO	ACOMPANHAMENTO
CONTINUA	**Diário**	Zonas de alto risco	Captação	Gestores de área	Aos chefes de área e	Tomar medidas imediatas ou iniciar um relatório para ação correctiva
		Workshops	Manutenção			
	Semanal	Fossas, decantadores	Manutenção	Supervisores	Supervisores	Tomar medidas imediatas ou iniciar um relatório para ação correctiva
		Casa das máquinas	Armazém			Registar as observações no Anexo "Caixotes do lixo

	Mensal	Equipamento Ordem e limpeza	Manutenção Segurança Todas as áreas	Supervisores	Supervisores	No prazo de 10 dias, o Área de segurança das medidas correctivas tomadas e respectivos resultados.
AGENDADO	**Trimestral**	Unidade	Sub-gestão Supervisor Geral Segurança	Supervisor de área	Relatar observações Feito ao supervisor Geral	Elaborar um programa para a eliminação das observações, indicando: responsáveis, medidas a adotar e prazos.
MENSAL	**Indeterminado**	Unidade	Comité de Segurança	Superintendentes de área Supervisores	Relatar observações Feita à superintendência Geral	Elaborar um programa para o levantamento das observações, indicando: responsáveis, medidas a adotar e prazos.

Fonte: Ministério do Trabalho e Promoção do Emprego. *Aprovação dos modelos de referência que contemplam a informação mínima a constar dos registos obrigatórios do Sistema de Gestão da Segurança e Saúde no Trabalho*, cit.

Mesa 15. Programa de simulação

ESTAÇÃO DE TRATAMENTO																
N.°	DESCRIÇÃO	RESPONSÁVEL	ESTADO	Jan-18	Fev-18	Mar-18	abril-18	maio-18	Jun-18	Jul-18	Ago-18	Conjunto-18	Out-18	Nov-18	Dez-18	TOTAL
1	EXERCÍCIO DE FOGO	Diretor de SSO	AGENDADO	1				1					1			
	SIMULACRO DE TERRAMOTO	Diretor de SSO	AGENDADO						1					1		
	SIMULACRO DE ACIDENTE	Diretor de SSO	AGENDADO				1				1				1	
	DERRAME DE SUBSTÂNCIAS PERIGOSAS	Diretor de SSO	AGENDADO						1							1
NÚMERO TOTAL DE EXERCÍCIOS			AGENDADO	1	0	0	1	1		0	1	0	1	1	1	
			EXECUTADO	0	0	0	0	0	0	0	0	0	0	0	0	0

	PENDENTE	1	0	0	1	1		0	1	0	1	1	1	

Fonte: Ministério do Trabalho e Promoção do Emprego. *Aprovação dos modelos de referência que contemplam a informação mínima a constar dos registos obrigatórios do Sistema de Gestão da Segurança e Saúde no Trabalho*, cit.

Mesa 16. Programa de infra-estruturas

PROGRAMA DE INFRA-ESTRUTURAS																
ESTAÇÃO DE TRATAMENTO																
N.°	INSTALAÇÃO	RESPONSÁVEL	ESTADO	Jan-18	Fev-18	Mar-18	abril-18	maio-18	Jun-18	Jul-18	Ago-18	Conjunto-18	Out-18	Nov-18	Dez-18	TOTAL
1	ESCRITÓRIOS	Chefe de Área	AGENDADO	1		1		1		1		1		1		
			EXECUTADO													
	LOJA GERAL	Chefe de Área	AGENDADO	1	1	1	1	1	1	1	1	1	1	1	1	
			EXECUTADO													
	CENTRAL DE ENERGIA	Chefe de Área	AGENDADO	1	1	1	1	1	1	1	1	1	1	1	1	
			EXECUTADO													
	INSPECÇÃO DOS EXTINTORES DE INCÊNDIO	Chefe do SSOMA	AGENDADO	1	1	1	1	1	1	1	1	1	1	1	1	
			EXECUTADO													
5		Paramédicos	AGENDADO	1		1		1		1		1		1		

	EQUIPAS DE EMERGÊNCIA		EXECUTADO													
TOTAL DE INSPECÇÕES			AGENDADO	5		5		5		5		5		5		48
			EXECUTADO													
			PENDENTE	5		5		5		5		5		5		48

Fonte: Ministério do Trabalho e Promoção do Emprego. *Aprovação dos modelos de referência que contemplam a informação mínima a constar dos registos obrigatórios do Sistema de Gestão da Segurança e Saúde no Trabalho*, cit.

Tabela 17. Programa de inspeção de equipamentos e ferramentas

PROGRAMA DE INSPECÇÃO DE EQUIPAMENTOS E FERRAMENTAS																
ESTAÇÃO DE TRATAMENTO																
N.°	UNIDADES E EQUIPAMENTOS	RESPONSÁVEL	ESTADO	Jan-18	Fev-18	Mar-18	abril-18	maio-18	Jun-18	Jul-18	Ago-18	Conjunto-18	Out-18	Nov-18	Dez-18	TOTAL
1	BOMBAS ELÉCTRICAS	Chefe do SSOMA	AGENDADO	1	1	1	1	1	1	1	1	1	1	1	1	
			EXECUTADO													
	VEÍCULOS E EQUIPAMENTOS MÓVEIS	Chefe do SSOMA	AGENDADO													
			EXECUTADO													
	ELEMENTOS ACESSÓRIOS	Chefe do SSOMA	AGENDADO	1	1	1	1	1	1	1	1	1	1	1	1	
			EXECUTADO													
	FERRAMENTAS MANUAIS E ELÉCTRICAS	Chefe do SSOMA	AGENDADO	1	1	1	1	1	1	1	1	1	1	1	1	
			EXECUTADO													
TOTAL DE INSPECÇÕES			AGENDADO	5	5	5	5	5	5	5	5	5	5	5	5	

	EXECUTADO													
	PENDENTE	5	5	5	5	5	5	5	5	5	5	5	5	

Mesa 18. Formações externas

Política de saúde e segurança no trabalho	Prevenir, controlar os riscos profissionais e de saúde ocupacional para a integridade dos nossos colaboradores e minimizar os impactos ambientais nos nossos processos e populações no local de trabalho.
Objetivo geral	**Proposta de planeamento do sistema de segurança e saúde no trabalho**
Objetivo específico	Conseguir que 90% do pessoal participe nas acções de formação externas programadas com uma classificação satisfatória.
Objetivo	% > 90
Indicador	Eficiência (cobertura da formação): número total de pessoas formadas vs. programadas Eficácia (qualidade da formação): pontuação efetivamente obtida / pontuação prevista
Orçamento	6000 novos soles
Recursos	Compromisso de todos os chefes de área

NÃO.	Descrição da atividade	Responsável de execução	Área	ANO: 2018												Data da verificação	Estado (concluído, pendente, em curso)	Observações
				E	F	M	A	M	J	J	A	S	O	N	D			

	Enviar antecipadamente os programas de participação do pessoal em acções de formação externas.	Gestores de área	Todos os domínios	X	X	X	X	X	X	X	X	X	X	X	X	Mensal	Em curso	Nenhum
	Acompanhamento dos programas de formação externa enviados pelos chefes de área.	Gestão da segurança e Comité Misto da SST	Todas as áreas	X	X	X	X	X	X	X	X	X	X	X	X	Diário	Em curso	Nenhum
	Realizar inquéritos sobre a qualidade do orador e o tema apresentado.	Gestão da segurança	Todos os domínios	X	X	X	X	X	X	X	X	X	X	X	X	Diário	Pendente	Nenhum
	Analisar no final de cada curso o cumprimento da	Comité Misto de Segurança e gestores de zona		X	X	X	X	X	X	X	X	X	X	X	X	Mensal	Em curso	Nenhum

	eficiência e eficácia da sua aplicabilidade.		Todas as áreas															

Fonte: Ministério do Trabalho e Promoção do Emprego. *Aprovação dos modelos de referência que contemplam a informação mínima a constar dos registos obrigatórios do Sistema de Gestão da Segurança e Saúde no Trabalho*, cit.

Mesa 19. Controlo dos riscos ergonómicos

Política de saúde e segurança no trabalho	Prevenir e controlar os riscos profissionais e a saúde no trabalho
Objetivo geral	**Proposta de Planeamento de um Sistema de Gestão da Segurança e Saúde no Trabalho no Local de Trabalho**
Objetivo específico	Controlo dos riscos ergonómicos
Objetivo	Controlo e prevenção dos riscos ergonómicos
Indicador	Conforto na zona de trabalho
Orçamento	1000 novos soles
Recursos	Empenho de todos os gestores de área no controlo dos riscos ergonómicos.

NÃO.	Descrição da atividade	Responsável de implementação	Área	ANO 2018												Data da verificação	Estado (Concluído, Pendente, em curso)	Observações
				E	F	M	A	M	J	J	A	S	O	N	D			

	Manutenção preventiva dos equipamentos e ferramentas nos postos de trabalho, em função da utilização e do tempo.	Gestão da segurança, e Chefes de Área	Todos os domínios	X	X	X	X	X	X	X	X	X	X	X	X	Mensal	Em curso	Nenhum
	Identificação dos factores, avaliação das zonas de trabalho, posição no local, carga limite recomendada.	Gestão da segurança Chefes de Área	Todos os domínios	X	X	X	X	X	X	X	X	X	X	X	X	Mensal	Em curso	Nenhum

	Formação e sensibilização de todo o pessoal em matéria de posicionamento postural nos postos de trabalho, movimentos repetitivos, trabalho-repouso, sobrecarga perceptiva e mental.	Chefes de Área / Gestão de Segurança	Todos os domínios	X	X	X	X	X	X	X	X	X	X	X	X	Mensal	Em curso	Nenhum

Fonte: Ministério do Trabalho e Promoção do Emprego. *Aprovação dos modelos de referência que contemplam a informação mínima a constar dos registos obrigatórios do Sistema de Gestão da Segurança e Saúde no Trabalho*, cit.

Mesa 20. Formulário de registo dos exercícios de indução, formação e emergência
de emergência

<table>
<tr><td colspan="2">Nº DE REGISTO</td><td colspan="6">REGISTO DE INDUÇÃO, FORMAÇÃO, EDUCAÇÃO, FORMAÇÃO E SIMULACROS DE EMERGÊNCIA</td></tr>
<tr><td colspan="8">DADOS DO EMPREGADOR</td></tr>
<tr><td colspan="2">NOME COMERCIAL OU NOME DA EMPRESA</td><td>RUC</td><td colspan="2">ENDEREÇO (Endereço, distrito, departamento, província)</td><td>TIPO DE ACTIVIDADE</td><td colspan="2">NÚMERO DE TRABALHADORES NO LOCAL DE</td></tr>
<tr><td colspan="2">EPS. SEDA - JULIACA</td><td></td><td colspan="2">ESTAÇÃO DE TRATAMENTO</td><td></td><td colspan="2"></td></tr>
<tr><td colspan="8">MARCA X</td></tr>
<tr><td>INDUÇÃO</td><td></td><td>FORMAÇÃO</td><td></td><td>FORMAÇÃO</td><td></td><td>SIMULACRO DE EMERGÊNCIA</td><td></td></tr>
<tr><td>TEMA 9</td><td colspan="7">SIMULACRO DE TERRAMOTO</td></tr>
<tr><td>DATA</td><td colspan="7"></td></tr>
<tr><td colspan="2">NOME DO FORMADOR OU DO FORMADOR</td><td colspan="6">SEGURANÇA ING. SEGURANÇA ING.</td></tr>
<tr><td>N.º DE HORAS</td><td colspan="7"></td></tr>
<tr><td colspan="2">APELIDO E NOME PRÓPRIO DOS FORMANDOS</td><td>N.º DO DNI</td><td colspan="2">ÁREA</td><td>ASSINATURA</td><td colspan="2">OBSERVAÇÕES</td></tr>
<tr><td colspan="2">1.</td><td></td><td colspan="2"></td><td></td><td colspan="2"></td></tr>
<tr><td colspan="2">2.</td><td></td><td colspan="2"></td><td></td><td colspan="2"></td></tr>
<tr><td colspan="2">3.</td><td></td><td colspan="2"></td><td></td><td colspan="2"></td></tr>
<tr><td colspan="2">4.</td><td></td><td colspan="2"></td><td></td><td colspan="2"></td></tr>
<tr><td colspan="2">5.</td><td></td><td colspan="2"></td><td></td><td colspan="2"></td></tr>
<tr><td colspan="2">6.</td><td></td><td colspan="2"></td><td></td><td colspan="2"></td></tr>
<tr><td colspan="2">7.</td><td></td><td colspan="2"></td><td></td><td colspan="2"></td></tr>
<tr><td colspan="2">8.</td><td></td><td colspan="2"></td><td></td><td colspan="2"></td></tr>
<tr><td colspan="2">9.</td><td></td><td colspan="2"></td><td></td><td colspan="2"></td></tr>
<tr><td colspan="2">10.</td><td></td><td colspan="2"></td><td></td><td colspan="2"></td></tr>
</table>

11.				
12.				
13.				
14.				
15.				
16.				
17.				

Fonte: Ministério do Trabalho e Promoção do Emprego. *Aprovação dos modelos de referência que contemplam a informação mínima a constar dos registos obrigatórios do Sistema de Gestão da Segurança e Saúde no Trabalho*, cit.

Mesa 21. Procedimento escrito de trabalho seguro (SWWP)

<table>
<tr><td rowspan="3">ESTAÇÃO DE TRATAMENTO
SEDA-JULIACA</td><td rowspan="2">PROCEDIMENTO ESCRITO DE SEGURANÇA NO TRABALHO</td><td>CÓDIGO</td><td rowspan="2">PETS PG 03.01</td></tr>
<tr><td>VERSÃO</td></tr>
<tr><td>FORMAÇÃO</td><td>DATA</td><td>20/01/2018</td></tr>
</table>

É apresentado o modelo com o procedimento para cada rubrica:

1. objetivo

Descrever e pormenorizar o método de trabalho na estação de tratamento.

2. Divulgação

O procedimento começa com a entrada de novos funcionários na empresa de saneamento SEDA-JULIACA.

3. Base jurídica

3.1 Lei n.º 29783

3.2 Norma OHSAS 18001:2007

3.3 Normas da empresa SEDA-JULIACA

4. Definições

4.1 Formação: atividade que consiste na transmissão de conhecimentos teóricos e práticos para o desenvolvimento de competências, aptidões e capacidades relativas ao processo de trabalho, à prevenção de riscos, à segurança e à saúde.

4.2 Plano de formação: um instrumento que permite registar as necessidades de formação do pessoal em função das necessidades do posto de trabalho.

4.3 Formação externa: Trata-se de formação ministrada por pessoal externo. Pode ter lugar dentro ou fora das instalações da organização.

4.4 Formação interna: formação realizada pelo pessoal permanente da organização.

4.5 Indução: trata-se de uma formação obrigatória, de preferência para o novo pessoal que entra na organização. Os temas abordados são: saúde e segurança no trabalho, responsabilidade social e ambiente.

4.6 Indução dos visitantes: Todos os visitantes são induzidos a entrar na organização antes de entrarem.

5. Responsabilidades

5.1 Gestor de recursos humanos

— Assegurar o cumprimento deste procedimento.

— Acompanhamento do processo nas suas diferentes fases.

5.2 Gestor de área.

— Identificar as necessidades de formação dos trabalhadores.

— Coordenar com a área de gestão a programação e execução da formação de acordo com a prioridade ou necessidade da área de trabalho.

— Assegurar a presença dos novos membros do pessoal sob a sua responsabilidade na participação na indução.

— Assegurar que os gestores de zona frequentam cursos sobre riscos operacionais.

5.3 Autoridade

Fornece formação específica aos novos trabalhadores sob a sua responsabilidade e assegura a participação do novo pessoal sob a sua responsabilidade no módulo específico relativo aos riscos operacionais.

Trabalhador

Participa nas acções de formação programadas pelo seu superior hierárquico nas datas que lhe são indicadas.

6. Desenvolvimento

Mesa 22. Actividades relacionadas com a formação

Atividade	Responsável	Descrição	Registo
Formação	Coordenador es Gestão	1. A assiduidade dos trabalhadores e dos expositores será devidamente controlada pelo registo de presenças (SSOMA FG.01) ou pelos relatórios emitidos. 2. Os planos de formação podem ser individuais ou em grupo e podem ser realizados dentro ou fora do local de trabalho. É importante contribuir para o cumprimento da política de saúde e segurança no trabalho, bem como dos	

		procedimentos de instrução e dos requisitos do sistema de gestão. 3. A sensibilização e a consciencialização dos trabalhadores serão efectuadas através de palestras de cinco minutos, reuniões de grupo e formação. 4. As reuniões de grupo são efectuadas em conformidade com o procedimento de reunião de grupo. 5. Efetuar avaliações que meçam o nível de conhecimentos adquiridos nos cursos de formação e de iniciação. 6. Apresentar o relatório de gestão da formação à direção geral, a pedido desta.	

Conclusões

A proposta de um SGSST é um processo a que qualquer empresa, independentemente do sector, deve submeter-se se quiser controlar os seus riscos de SST e melhorar o seu desempenho no trabalho.

Ao desenvolver o diagnóstico inicial, determinou-se que o nível de conformidade com a norma OHSAS na empresa de saneamento SEDA-JULIACA é de 30%, o que indica que esta empresa não tem um bom sistema de gestão, pelo que é necessário implementar uma OHSAS de acordo com as disposições legais exigidas.

Os processos de reconhecimento de perigos e avaliação de riscos visam integrar e demonstrar o cumprimento do SGSST, que orienta os colaboradores envolvidos nas diversas operações executadas na empresa SEDA-JULIACA.

Foi também elaborado o IPERC para cada atividade desenvolvida na ETAR da SEDA-JULIACA, essencial para fornecer as medidas necessárias que serão consideradas na proposta.

Sugestões

Para as empresas, sugere-se que descrevam de forma simples e facilmente compreensível a política e os objectivos do SGSST, uma vez que tal é indispensável para o progresso constante da organização.

Os acidentes e as doenças no trabalho devem também ser identificados, a fim de se tomarem medidas preventivas, e a implementação de um plano de emergência é essencial.

Recomenda-se igualmente a realização de um estudo técnico de acordo com as necessidades de EPI de cada local de trabalho e a formação dos trabalhadores sobre a utilização e a proteção dos EPI.

Além disso, sugere-se a formação contínua do pessoal, bem como a atualização das normas internacionais e das normas nacionais em vigor para os gestores e o pessoal encarregado da direção da prevenção dos riscos profissionais.

CAPÍTULO CINCO :

PLANO DE EMERGÊNCIA A NÍVEL DA EMPRESA - UMA OBRIGAÇÃO OU UMA MEDIDA PREVENTIVA?

[61]Ao longo dos anos, ocorreram várias catástrofes naturais e pandemias, que provocaram crises económicas e sociais, etc. Neste sentido,' foram desenvolvidas entidades responsáveis pela gestão do risco, com o objetivo de reduzir o nível de criticidade e o impacto na população, estar preparado para futuras contingências e aumentar a produtividade de cada país.

[62]É, pois, necessário que as empresas concebam um plano "de prevenção e antecipação de catástrofes parciais ou totais", como incêndios, terramotos, inundações, entre outros; que prevejam estratégias que permitam aos responsáveis dispor de informação sobre como atuar antes, durante e depois da ocorrência destas contingências.

Por esta razão, o plano de emergência para as empresas deve ser uma prioridade, que deve ter em conta as políticas ou processos para responder imediatamente à situação que ocorre na empresa. [63]Este plano é determinado não só pela regulamentação em vigor, mas também pelas necessidades de cada empresa e pelas condições ambientais e sociais a que está exposta.

---

[61] Fórum Económico Mundial. *The Global Risks Report 2023*, 18ª ed., Suíça, Fórum Económico Mundial, 2023, disponível em [https://es.weforum.org/reports/global-risks-report-2023].

[62] Cristian Giovanni Rodríguez Rodríguez. "A importância de um plano de continuidade de negócios". *Universidad Piloto de Colombia,* vol. 1, pp. 1-10, 2020, disponível em [http://repository.unipiloto.edu.co/handle/20.500.12277/9547], p. 1.

[63] María Alejandra Orjuela Perdomo e María Alejandra Ruge Vera. "Propuesta de implementación del plan de emergencias y contingencias para la empresa Inversiones Jomayosa SAS basado en la norma 45001:2018" (Tese de mestrado). Bogotá, Colômbia, Universidad ECCI, 2021, disponível em [https://repositorio.ecci.edu.co/handle/001/1289].

[64]De acordo com Bello *et al.* , um plano para estas situações deve incluir

— um método preferido para comunicar incêndios ou outras emergências;

— política e procedimentos de evacuação;

— vias de evacuação de emergência e modos de evacuação (mapas da zona, reconhecimento das zonas de emergência ou de refúgio);

— dados de cada membro da brigada de emergência;

— procedimentos que os empregados devem seguir para efetuar ou parar operações críticas na sua área, para acionar extintores de incêndio ou para evacuar ao ouvir um alarme de emergência;

— e acções de salvamento ou médicas para empregados designados.

A sua importância reside na otimização da preparação e da capacidade de resposta dos trabalhadores através da prestação de primeiros socorros, da redução da vulnerabilidade a situações de emergência por parte de trabalhadores com formação e do aumento dos conhecimentos técnicos através da utilização de materiais de aprendizagem prática baseados em práticas recreativas.

[65]Outros benefícios essenciais centram-se na motivação dos trabalhadores para participarem nas várias tarefas de resposta a catástrofes, na criação de um ambiente de trabalho pacífico e seguro, na minimização do impacto e da gravidade de potenciais catástrofes, evitando assim perdas humanas e económicas .

[64] Omar Bello, Alejandro Bustamante e Paulina Pizarro. *Planeamento para a redução do risco de desastres no âmbito da Agenda 2030 para o Desenvolvimento Sustentável.* Santiago, CEPAL, 2021, disponível em [https://repositorio.cepal.org/server/api/core/bitstreams/ae6fe59f-e288-431b-8edd-7cbe1f760c8d/content].

[65] María Alejandra Orjuela Perdomo e María Alejandra Ruge Vera. "Propuesta de implementación del plan de emergencias y contingencias para la empresa Inversiones Jomayosa SAS basado en la norma 45001:2018", cit.

BIBLIOGRAFIA

abril Sánchez, Cristina; Antonio Enríquez Palomino e José Manuel Sánchez Rivero. *Guía para la integración de sistemas de gestión: calidad, medio ambiente y salud en el trabajo*, 2.ª edição, Madrid, Espanha, Fundación Confemetal, 2012.

Achinte Hurtado, Adriana Stella e Sidney Oriana Henao Clavijo. "Planeamento do sistema de gestão da segurança e saúde no trabalho para uma empresa de manutenção local com base no Decreto 1072 de 2015, período 2015-2016" (Tese de especialização). Cali, Colômbia, Universidad Libre, 2016, disponível em [https://repository.unilibre.edu.co/handle/10901/9893?show=full].

Agustini Paredes, Liliana Rosalinda; Pedro Pablo Rosales López e Anwar Julio Yaroin Achachagua. *Ratios de accidentabilidad*. Lima, Peru, Universidad Nacional Mayor de San Marcos, 2021, disponível em [https://industrial.unmsm.edu.pe/wp-content/uploads/2021/04/PSEG103-Ratios-de-Accidentabilidad.pdf].

Alcántara Moreno, Gustavo, "La definición de salud de la Organización Mundial de la Salud y la interdisciplinariedad". *Sapiens, Revista Universitaria de Investigación*, vol. 9, n.° 1, 2008, pp. 93-107, disponível em [https://www.redalyc.org/pdf/410/41011135004.pdf].

Associação Espanhola de Normalização e Certificação (Ed.). *OHSAS 18001:2007. Sistemas de gestão da segurança e saúde no trabalho - Requisitos*. Madrid, AENOR, 2007, disponible en [https://infomadera.net/uploads/descargas/archivo_49_Sistemas%20de%20gesti%C3%B3n%20de%20seguridad%20y%20salud%20OHSAS%2018001-2007.pdf].

Barrera-García, Aníbal; Alejandro González-Delgado e Damayse Pérez-Fernández. "Identificación de factores incidentes en la accidentalidad laboral en empresas de Cienfuegos". *Industrial Engineering*, vol. 37, no. 2, 2016, pp. 127-137, disponível em [https://www.redalyc.org/articulo.oa?id=360446197003].

Bello, Omar; Alejandro Bustamante e Paulina Pizarro. *Planeamento para a redução do risco de desastres no âmbito da Agenda 2030 para o Desenvolvimento Sustentável.* Santiago, CEPAL, 2021, disponível em [https://repositorio.cepal.org/server/api/core/bitstreams/ae6fe59f-e288-431b-8edd-7cbe1f760c8d/content].

Bernal Mateus, María del Carmen. *La norma OHSAS 18001 y su implementación*, 2ª ed., Bogotá, Colômbia, ICONTEC, 2009.

Bustamante Granda, Fernando. "Sistema de gestión en seguridad basado en la norma OHSAS 18001 para la empresa constructora eléctrica IELCO" (Tese de Mestrado). Equador, Universidad Politécnica Salesiana, 2013, disponível em [https://dspace.ups.edu.ec/handle/123456789/5375].

Carrera Endara, Carlos Fernando Atahualpa; Cristian Heriberto Ligña Cumbal, Galo Renan Moreno Cueva e Ruben Morales Carrera. *Sistemas de gestión de calidad.* Estados Unidos, Compás, 2018, disponível em [http://142.93.18.15:8080/jspui/bitstream/123456789/466/3/SISTEMAS%20DE%20GESTI%C3%93N%20DE%20LA%20CALIDAD.pdf].

Congresso da República. *Lei de Segurança e Saúde no Trabalho*. Lei n.º 29783 de 20-08-2011. Lima, Peru, Congreso de la República, 2011, disponível em [https://web.ins.gob.pe/sites/default/files/Archivos/Ley%2029783%20SEGURIDAD%20SALUD%20EN%20EL%20TRABAJO.pdf].

Congresso da República. *Lei que altera a Lei 29783, Lei de Segurança e Saúde no Trabalho*. Lei n.º 30222 de 11-07-2014. Lima, Peru, Congreso de la República, 2014, disponível em [https://leyes.congreso.gob.pe/Documentos/Leyes/30222.pdf].

CONICYT. *Manual de normas: biossegurança e riscos associados*. Chile, Fondecyt-CONICYT, 2018.

Contri Campanelli, Leandro e Lucas Desiderio Ribeiro. "Envolvimento das empresas brasileiras com aspectos de saúde e segurança ocupacional e a nova ISO

45001:2018". *Produção*, vol. 31, 2021, pp. 1-13, disponível em [https://doi.org/10.1590/0103-6513.20210005].

Cortés Díaz, José María. *Seguridad e higiene del trabajo: Técnicas de prevención de riesgos laborales*, 12ª ed., Madrid, Espanha, Tébar, 2012.

Cuba Miranda, Ramiro e César Mercado Rivero. "Implementación de un plan de seguridad y salud ocupacional en las labores de mantenimiento, planchado y pintura en la empresa Fátima Car Service Srl - Cusco - 2021" (tese de bacharelato). Cusco, Peru, Universidad Continental, 2022, disponível em [https://hdl.handle.net/20.500.12394/11814].

Del Pezo De la Cruz, Otto Gabriel. "Modelo de gestión de seguridad y salud ocupacional para la empresa de agua potable, aguas de Península - Aguapen S. A." (Dissertação de mestrado). Equador, Universidad Politécnica Salesiana, 2013, disponível em [https://dspace.ups.edu.ec/handle/123456789/4829].

Direção de Desenvolvimento Estratégico. *Aplicação do ciclo de Deming ou PDCA para a gestão da qualidade no ensino superior: uma introdução*. Chile, Universidad de Concepción, 2020, disponível em [https://desarrolloestrategico.udec.cl/wp-content/uploads/2021/01/DDD-N-4-Ciclo-Deming.pdf].

ENEL. *Reglamento interno de seguridad y salud en el trabajo*. Lima, Peru, ENEL, 2021, disponível em [https://www.enel.pe/content/dam/enel-pe/sostenibilidad/sistemas-de-gesti%C3%B3n/enel-distribuci%C3%B3n/sistemas-de-gesti%C3%B3n-actualizados/Reglamento%20Interno%20de%20Seguridad%20y%20Salud%20en%20el%20Trabajo%20-%20V9.pdf].

EPS SEDA-JULIACA. *Dados gerais da empresa*. Juliaca, Peru, EPES SEDA-JULIACA, 2023, disponível em [https://SEDA-JULIACA.com/datos-dela-empresa/].

EPS ILO S.A. *Disposiciones que regulan el régimen disciplinario y procedimiento sancionador de la EPS ILO S.A.* Lima, Perú, EPS ILO S.A., 2020.

Gadea García, Adrián Wilfredo. "Propuesta para la implementación del sistema de gestión de seguridad y salud en el trabajo en la empresa SUMIT S.A.C." (tese de bacharelato). Lima, Peru, Universidad de Lima, 2016, disponível em [https://repositorio.ulima.edu.pe/bitstream/handle/20.500.12724/3497/Gadea_Garcia_Adrian.pdf?sequence=1&isAllowed=y].

González González, Nury Amparo. "Diseño del sistema de gestión en seguridad y salud ocupacional, bajo los requisitos de la norma NTC-OHSAS 18001 en el proceso de fabricación de cosméticos para la empresa Wilcos S.A." (tese de bacharelato). Bogotá, Colômbia, Pontificia Universidad Javeriana, 2009, disponível em [http://hdl.handle.net/10554/7232].

Henao Robledo, Fernando. *Salud Ocupacional: conceptos básicos*, 2ª ed., Bogotá, Colômbia, Ecoe Ediciones, 2010.

Hernández Domínguez, Juan Daniel. "Segurança no trabalho para prevenir acidentes na indústria". *Revista Ibero-Americana de Produção Académica e Gestão Educativa*, vol. 5, n.º 10, 2018, pp. 1-9, disponível em [https://www.pag.org.mx/index.php/PAG/article/view/773/1109].

Hernández-Sampieri, Roberto e Christian Paulina Mendoza Torres. *Metodología de la investigación: las rutas cuantitativa, cualitativa y mixta*. Cidade do México, McGraw-Hill Interamericana Editores, 2018.

INACAL. *Sinalética de segurança. Símbolos gráficos e cores de segurança. Parte 1: Regras para a conceção de sinais de segurança e faixas de segurança*. NTP 399.010-1 de 29-12-2016. Lima, Peru, INACAL, 2016, disponível em [https://minercode.org/normastecnicasperuanas/399010-1-2016.pdf].

Instituto Nacional de Estatística e Informática. *Estado de la población peruana 2020*. Lima, Peru, INEI, 2020, disponível em [https://www.inei.gob.pe/media/MenuRecursivo/publicaciones_digitales/Est/Lib1743/Libro.pdf].

Instituto Nacional de Estatística e Informática. *Síntesis Estadística 2016*. Lima, Peru, INEI, 2016, disponível em [https://www.inei.gob.pe/media/MenuRecursivo/publicaciones_digitales/Est/Lib1391/libro.pdf].

Lazo González, Silvia Estefanía. "Implementación de sistema de gestión de seguridad y salud en el trabajo para la realización de lasaña tradicional en la empresa Pizzerias Presto en base a Ley N.° 28783 Ley de Seguridad y Salud en el Trabajo" (tese de bacharelato). Arequipa, Peru, Universidad Católica de Santa María, 2016, disponível em [https://repositorio.ucsm.edu.pe/handle/20.500.12920/5518].

Mancera Fernández, Mario; María Teresa Mancera Ruíz, Mario Ramón Mancera Ruíz e Juan Ricardo Mancera Ruíz. *Segurança e higiene industrial. Gestión de riesgos*. Colômbia, Editorial Alfaomega, 2012, disponível em [https://ashconsultores.com.ar/wp-content/uploads/2019/06/Libro_Seguridad_e_Higiene_industrial_ges.pdf].

Matabanchoy Tulcán, Sonia Maritza. "Salud en el trabajo. *Universidad y Salud*, vol. 14, no. 1, 2012, pp. 87-102, disponível em [https://revistas.udenar.edu.co/index.php/usalud/article/view/1270].

Mejía, Christian; Matlin Cárdenas e Raúl Gomero-Cuadra. "Notificación de accidentes y enfermedades laborales al Ministerio de Trabajo. Peru 2010-2014." *Revista Peruana de Medicina Experimental y Salud Pública*, vol. 32, no. 3, 2015, pp. 526-531, disponível em [https://doi.org/10.17843/rpmesp.2015.323.1689].

Ministério da Energia e das Minas. *Decreto Supremo que aprova o Regulamento de Segurança e Saúde Ocupacional e outras medidas complementares em mineração*. Decreto Supremo N.° 055-2010-EM de 01-01-2011, Lima, Peru, MINEM, 2011, disponível em [https://www.minem.gob.pe/minem/archivos/file/Mineria/LEGISLACION/2010/AGOSTO/DS%20055-2010--EM.pdf].

Ministério da Energia e Minas. *Código Nacional de Electricidad: utilización*. Lima, Peru, MINEM, 2006, disponível em [http://www.pqsperu.com/Descargas/NORMAS%20LEGALES/CNE.PDF].

Ministério do Trabalho, Emprego e Segurança Social. *Segurança e Saúde no Trabalho (SST). Aportes para una cultura de la prevención*. Argentina, OIT, 2014, disponível em [https://www.ilo.org/wcmsp5/groups/public/@americas/@ro-lima/@ilo-buenos_aires/documents/publication/wcms_248685.pdf].

Ministério do Trabalho e da Promoção do Emprego. *Aprueban reglamento de seguridad y salud en el trabajo*. Decreto Supremo N.° 009-2005-TR de 29-09-2005, Lima, Peru, MTPE, 2005, disponível em [https://oiss.org/wp-content/uploads/2018/11/12-03_Reglamento_de_Seguridad_y_salud_en_el_trabajo_2005-09-29_009-2005-TR_487.pdf].

Ministério do Trabalho e da Promoção do Emprego. *Lei de Segurança e Saúde no Trabalho, seus regulamentos e alterações*. Lima, Peru, MTPE, 2017, disponível em [https://cdn.www.gob.pe/uploads/document/file/349382/LEY_DE_SEGURIDAD_Y_SALUD_EN_EL_TRABAJO.pdf].

Ministério do Trabalho e da Promoção do Emprego. *Notificaciones de accidentes de trabajo, incidentes peligrosos y enfermedades ocupacionales*. Lima, Peru, MTPE, 2022, disponível em [https://cdn.www.gob.pe/uploads/document/file/4327880/SAT_DICIEMBRE_2022.pdf?v=1679929130].

Ministério do Trabalho e da Promoção do Emprego. *Aprovação dos modelos de referência que incluem a informação mínima a constar dos registos obrigatórios do Sistema de Gestão da Segurança e Saúde no Trabalho*. Resolução Ministerial nº 050-2013-TR de 14-03-2013. Lima, Peru, MTPE, 2013, disponível em [https://www.gob.pe/institucion/mtpe/normas-legales/288031-050-2013-tr].

Ministério da Habitação, Construção e Saneamento. *Decreto Supremo que modifica el Reglamento de Organización y Funciones del Ministerio de Vivienda, Construcción y Saneamiento*. Decreto Supremo N.° 010-2014-VIVIENDA de 03-03-2015, Lima, Peru, MVCS, 2015, disponível em [https://cdn.www.gob.pe/uploads/document/file/360774/DS-006-2015-VIVIENDA.pdf].

Morell González, Luisa María; Rosa Maricela Cedeño Zambrano e Sarai Ramírez Cruz. "Gestão sistémica dos riscos institucionais. Diagnóstico na Universidade Agrária de Havana e na Universidade Técnica de Manabí". *Cofin Habana*, vol. 13, n.º 1, 2019, pp. 1-10, disponível em [http://scielo.sld.cu/scielo.php?script=sci_arttext&pid=S2073-60612019000300016].

Niciejewska, Marta e Olga Kiriliuk. "Gestão da saúde e segurança no trabalho em empresas de pequena dimensão, com especial ênfase na identificação de riscos". *Production Engineering Archives*, vol. 26, n.º 4, 2020, pp. 195-201, disponível em [https://sciendo.com/article/10.30657/pea.2020.26.34].

Organização Internacional do Trabalho. *Segurança e saúde no trabalho no Peru. Una mirada desde los convenios internacionales del trabajo no ratificado*. Peru, OIT, 2022, disponível em [https://www.ilo.org/wcmsp5/groups/public/---americas/---ro-lima/documents/publication/wcms_884854.pdf].

Organização Internacional do Trabalho. *Inspeção da segurança e saúde no trabalho. Módulo de formação para inspectores*. Argentina, OIT, 2017, disponível em [https://www.ilo.org/wcmsp5/groups/public/---americas/---ro-lima/---ilo-buenos_aires/documents/publication/wcms_592318.pdf].

Orjuela Perdomo, María Alejandra e María Alejandra Ruge Vera. "Propuesta de implementación del plan de emergencias y contingencias para la empresa Inversiones Jomayosa SAS basado en la norma 45001:2018" (Tese de mestrado). Bogotá, Colômbia, Universidad ECCI, 2021, disponível em [https://repositorio.ecci.edu.co/handle/001/1289].

Ortega Alarcón, Jaime Antonio; Jorge Rafael Rodríguez López e Hugo Hernández Palma. "Importância da segurança dos trabalhadores no cumprimento de processos, procedimentos e funções". *Revista Academia & Derecho*, vol. 8, n.º

14, 2017, pp. 155-176, disponível em [https://dialnet.unirioja.es/servlet/articulo?codigo=6713605].

Pastor Fernández, Andrés; Manuel Otero Mateo, José María Portela Núñez e José Luis Viguera Cebrián. *Manual de prácticas de seguridad en el trabajo*. Espanha, Editorial UCA, 2016.

Pérez Cabrera, Arturo Miguel. "Incidencia de los riesgos por accidentes en los costos operativos de las concesiones mineras de recursos no metálicos de Patapo - Lambayeque" (Incidência dos riscos por acidentes nos custos operativos das concessões mineiras de recursos não metálicos de Patapo - Lambayeque) (Tese de licenciatura). Pimentel, Peru, Universidad Señor de Sipán, 2019, disponível em [https://repositorio.uss.edu.pe/handle/20.500.12802/5551].

Pérez, José Luis. "Sistema de gestión en seguridad y salud ocupacional aplicado a empresas contratistas en el sector económico minero metalúrgico" (Tese de Mestrado). Lima, Peru, Universidad Nacional de Ingeniería, 2007, disponível em [http://hdl.handle.net/20.500.14076/633].

Presidência da República do Peru. *Aprovação da Lei de Segurança e Saúde no Trabalho*. Decreto Supremo nº 005-2012-TR de 01-11-2016. Lima, Peru, Presidência da República do Peru, 2016, disponível em [https://www.gob.pe/institucion/presidencia/normas-legales/462577-005-2012-tr].

Purga Ruiz, Wendy Arelí e Anthony Percy Torres Vargas. "Propuesta de implementación de un sistema de seguridad y salud ocupacional basado en la norma OHSAS 18001:2007 para evitar costos por incidentes en el consorcio Alvac Johesa" (tese de bacharelato). Lima, Peru, Universidad Privada del Norte, 2017, disponível em [https://repositorio.upn.edu.pe/handle/11537/12390].

Raffo Lecca, Eduardo. *Introducción a la seguridad y salud en el trabajo*. Lima, Colecciones Jovic, 2016.

Rodríguez Mesa, Rafael. *Sistema general de riesgos laborales*, 3ª ed., Colômbia, Universidad del Norte, 2017.

Rodríguez Rodríguez, Cristian Giovanni. "A importância de um plano de continuidade de negócios". *Universidad Piloto de Colombia*, vol. 1, pp. 1-10, 2020, disponível em [http://repository.unipiloto.edu.co/handle/20.500.12277/9547].

Romero Albán, Ángela Liliana. "Diagnóstico de normas de seguridad y salud en el trabajo e implementación del reglamento de seguridad y salud en el trabajo en la Empresa Mirrorteck Industries S.A." (tese de mestrado). Equador, Universidad de Guayaquil, 2014, disponível em [http://repositorio.ug.edu.ec/handle/redug/4494].

Sabogal Barbosa, Maritza Edilma e Félix Eduardo Rodríguez Medina. "Competências do técnico na área de trabalho. Un análisis del programa técnico manejo de prevención de riesgos laborales de la Fundación Universitaria San Mateo". *Plataforma Abierta de Libros y Memorias Académicas*, vol. 1, 2019, pp. 9-36, disponível em [https://cipres.sanmateo.edu.co/ojs/index.php/libros/article/view/396].

SUNAFIL. *Relatório de transferência de gestão da Superintendência Nacional de Inspeção do Trabalho - SUNAFIL. Período de governo 2011 - 2016*. Lima, Peru, SUNAFIL, 2016.

Terán Pareja, Itala Sabrina. "Propuesta de implementación de un sistema de gestión de seguridad y salud ocupacional bajo la norma OHSAS 18001 en una Empresa de Capacitación Técnica para la Industria" (tese de bacharelato). Lima, Pontificia Universidad Católica del Perú, 2012, disponível em [http://hdl.handle.net/20.500.12404/1620].

Tirado Medina, Jefferson Andrée e Víctor Luis Vega Ybáñez. "Propuesta para la implementación de un plan de seguridad y salud ocupacional para controlar los riesgos y reducir los accidentes en la división de mantenimiento de la empresa de servicio de agua potable y alcantarillado de la Libertad - Sedalib S.A." (Tese de bacharelato). Trujillo, Peru, Universidad Nacional de Trujillo, 2017, disponível em [http://dspace.unitru.edu.pe/handle/UNITRU/8880].

Valladarez Tola, Jaime Mauricio. "Implementación del sistema de gestión en seguridad y salud ocupacional bajo una nueva versión de la norma OHSAS 18001:2007 en la Corporación Eléctrica de Ecuador Celec-Hidropaute" (Tese de Mestrado). Equador, Universidad de Cuenca, 2010, disponível em [http://dspace.ucuenca.edu.ec/handle/123456789/2631].

Vásquez Ojeda, Marco Antonio. "Implantación de un sistema de gestión de seguridad y salud ocupacional en el proyecto especial Olmos - Tinajones - Lambayeque" (Tese de mestrado). Trujillo, Peru, Universidad de Trujillo, 2016, disponível [http://dspace.unitru.edu.pe/items/62188267-261a-49a1-bf9d-9ad96b750193].

Fórum Económico Mundial. *The Global Risks Report 2023*, 18ª ed., Suíça, Fórum Económico Mundial, 2023, disponível em [https://es.weforum.org/reports/global-risks-report-2023].

Printed by Books on Demand GmbH, Norderstedt / Germany